ExcelとLINGO で学ぶ 数理計画法

CD-ROM付

新村 秀一 著

丸善株式会社

まえがき

　数理計画法は，おもしろい学問である．私は何年も前から，この「魔法の学問による問題解決学（新村，2008）」こそ，21世紀の一般教養であると主張している．その理由は，次の通りである．
　①数理計画法の理論は，高校数学で習う，1次関数や2次関数の最大・最小問題，そして「領域の最大・最小問題」がわかればそれで十分だ．
　②そのくせ，それが数理計画法という学問にまとめあげられると，幾つかのノーベル経済学賞の研究から理工学の種々の研究に始まり，日常の広範な産業活動や，個々人の各種の計画問題を理解し分析し解決することができる．
　③しかも，統計と違って入力モデルと出力される解の形式は単純でただ一種類だけである．すなわち，入力モデルと解について理解しなければならないことが，統計に比べて圧倒的に少ないことだ．
　④なぜ単純な入力モデルで色々な計画問題が解決できるのだろうか？　それは，変数のもつ意味を読み替えるだけで異なった分野の問題が解決できる魔法のような学問であるからだ．
　⑤また，人類の生んだとびっきりの天才や秀才が，考えも付かないような閃きや洞察で多種多様な現実の問題を解決するモデルをすでに開発してくれた．私たちは，それを理解し，応用するだけである．それで，人生の幅も広がるだろう。
　つまり，数理計画法は高校数学の基礎知識で理解できる数少ない学問であり，理論に限らず応用においても重要な学問である．
　しかし，日本ではこの魔法の学問の評判がすこぶる悪いのである．その理由は，
　①高校数学では「領域の最大・最小問題」が将来役に立つ重要な知識であることを教えていない．
　②大学では，本来は役立ち楽しい学問のはずなのに，多くの授業では数理計画法の入門である線形計画法の計算方法を中心に教えている．すなわち，学生に問題解決の方法ではなくコンピュータの計算方法（アルゴリズム）を教えているわけだ．計算法はこの分野の研究者予備群に必要ではあるが，多くの

学生には現実の問題を解決する実学を教えるべきである．すなわち，私の主張は「専門家教育からユーザー教育を分離独立させるべきである」ということだ．このため，21世紀のユーザー教育は次のように考えている．

統計，数理計画法，数学などの理数系の学問は，「素人から専門家までが簡単に使え，専門家が必要とする機能を備えたソフトウェア」を使えば，実用的な問題解決能力を手に入れることができる．「最近の学生の理数系の能力が劣化している」からといって，大学で受験数学に毛の生えた内容を補講する大学もある．しかし，変わらなければいけないのは我々教員の時代の変化を捉える認識であろう．

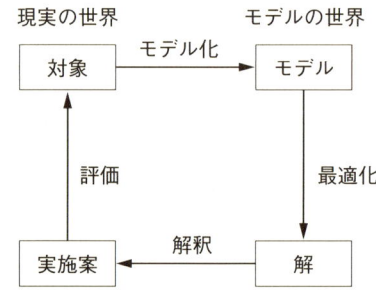

新しい時代の一般教養を，上の図を用いて説明したい（本図は，原典不明）．

1）図の左上側は問題解決したい現実の世界である．分析したい対象の本質を理解し，それを数式モデルに置き換える事で，右側のモデルの世界に入る．実は，この部分は才能がいる．しかしすでに述べたとおり，すでに数多くのモデルが開発済みである．これらは難しい論文や専門書の中に散在していることが多い．私の長年の友人のシカゴ大学ビジネススクールのLinus Schrage教授は，これらを数理計画法の雛形（テンプレート）モデルとして整備し書籍やHP上で公開している．研究者になるのでなければ，ノーベル経済学賞を取ったポートフォリオ分析を知るためハリー・M・マーコウィッツ（Harry Max Markowitz）の論文を読むのでなく，わずか数行の数理計画法モデルを理解することを最初にやれば落ちこぼれたりしない．

2）次は，数理計画法のモデルを解いて解を求めるわけである．これまでの大学教育のかなりの部分が線形計画法の計算法である単体法（Simplex Method）を教えてきた．計算法を教える目的は何なのであろうか？ 手計算で解ける問題など，現実の解決にならない．これまでの教育の一番の問題が，使い易いソ

フトを使うことを前提にすれば，一番簡単な部分である．しかし，LINDO Systems Inc.（社長：Linus Schrage シカゴ大学教授）が提供してきた第1世代の数理計画法ソフトのLINDO（リンドー，スペイン語で美しいという意味）やGINO（ジーノ，イタリア人男性名）は，使い易く教科書レベルの問題は簡単に解けたが，企業の現実レベルの大規模モデル作成に時間を要した．ところが，2000年以降の第2世代の数理計画法ソフトのLINGO（リンゴ）やWhat's Best!（ホワッツベスト，何が最適か！）では，授業で教える雛形モデルを現実規模の大規模モデルへ拡張することが非常に簡単に行えるようになった．

3）出てきた解の解釈は簡単である．それにもとづいて実行し，評価し，またモデルを修正するというPlan－Do－Seeのサイクルが問題解決にとって重要である．

すなわち日本の大学では，解を得る計算法を中心に教えているが，計算法の詳細を理解することは，数理計画法の専門家に必要であるがユーザーにとって必ずしも必要でない．むしろ，現実の問題をどうモデル化するのかの知識の方が重要だ．そして，ソフトウェアによって得られた解の理解が重要である．さらにこの解を用いて，現実の世界に戻り，解決策を携え実際に役立てることが最重要である．しかし，モデルが充分に分析対象を捉えていないことがある．この場合は，分析対象に立ち戻り，モデルを修正し，再度分析する必要がある．これを，Plan－Do－Seeのサイクルと呼んでいる．現実の問題を解決するには，この計画を立て（Plan），実行し（Do），評価する（See）という一連のサイクルを繰り返すことが重要である．そのためには，煩雑な計算はソフトにまかせて，このサイクルを滑らかに実施する必要がある．

本書の構成は次の通りである．5章以下では一つのストーリーを雛形モデルで紹介している．しかし，雛型モデルに数多く触れるほうがさらに良いので，3章ではそのことに触れている．

第1章は，高校数学の中から1次と2次関数の最大・最小問題（そして極大・極小問題），さらに領域の最大・最小問題の復習である．

第2章は，それらの知識が，数理計画法とどう関係してくるかを紹介している．

第3章は，実践的な問題解決学の能力を身につけるための情報を記載した．

第4章は，整数計画法の計算法と応用を紹介する．まず分枝限定法（Branch

& Bound）という知的好奇心をくすぐる賢い整数計画法の計算法を紹介する．その後，整数計画法を用いた種々の意思決定問題を紹介する．ここまで理解できれば，数理計画法の入門として充分である．

第5章以降は，数理計画法ソフトWhat's Best! を用いた実践的な応用である．筆者が新村コンピュータ（株）の社長という想定で，経営活動や我々の個人的意思決定に数理計画法がどう利用できるかを，ケーススタディとして取り上げた．

第5章は，What's Best! の導入法と操作法の紹介をかね，在庫部品からPCを組み立てる「製品組み立て（Product Mix）問題」を紹介している．このタイプのモデルは，自動車，電機といった組み立て型の産業にとどまらず，ファーストフードなどの製造業化したチェーン・レストランのモデルにもなる．

第6章は，石油，製鉄，養鶏や酪農といった，飼料や原材料を混ぜ合わせて，一定基準を満たす製品や商品をつくる「配合問題」を扱っている．そして，このモデルは栄養士のための食材の決定にも用いられる．また，組み立て問題と配合問題は，双対（そうつい，dual）関係にあることを紹介する．

第7章では，会社の長期に渡る在庫管理を解決する必要があり，「多期間に渡る在庫管理」を扱っている．このモデルは，そのまま会社の「多期間に渡る資金計画」に応用できる．また，個人の大まかな財産運用のモデルである．

第8章は，送り手と受け手が工場や倉庫といった企業や組織の「輸送問題」を扱っている．私たちが日常なじみのあるクロネコヤマトなどの宅配便は，不在者や，毎日送り手と受け手が変わるので，最適化問題になじみにくく，経験的な情報がシステムに組み込まれていることに注意する必要がある．このように，数理計画法を適用できない場合でも，なぜできないのかを雛形モデルをベースに比較検討することで問題点が明らかになる．

第9章は，望ましい「要員配置（計画）問題」を扱っている．交代勤務のある企業などの職場や，ボランティア活動における公平な割り当てが行なえる．このモデルは，広告媒体の決定モデルにもなる．さらに授業のクラス編成のモデルはCDの「その他の資料」に収納してある．小学校から大学や各種学校で使ってほしい．このモデルは輸送計画モデルでもあり，割り当て問題に広く扱える．例えば，シンクタンクにおける研究員と研究室やプロジェクトの割り当て，オークションにおける応札者の決定などの課題に利用できる．

第10章は，会社に少しの余裕が出てきたと錯覚し，かねてより研究者になりたかった社長が，数理計画法でもって新しい判別分析のアルゴリズムを開発した

ので，それを紹介する予定であった．しかし，読者の興味から外れるので断念した．それに代わって，回帰分析や判別分析が線形計画法，2次計画法，整数計画法でモデル化できることを示す．回帰分析の最小二乗法は2次計画法で，LAV回帰分析が線形計画法で，Lpノルム回帰分析が非線形計画法モデルで定式化できる．すなわち，統計手法の多くは，「制約条件付きの関数の最大最小問題」であり，数理計画法ソフトで扱えることを示す．

　第11章は，ポートフォーリオ分析が，2次計画法モデルであることを示す．そして，CDに格納されている『魔法の学問による問題解決学』の6章にある汎用モデルを用いれば，読者も実際にポートフォリオ分析ができることを示す．

　付録では，線形計画法の計算法である単体法の簡単な説明をしている．

　本書のユニークな点は，添付のCDの内容である．ここには，次のものを収録している．

　1) LINGOによる汎用モデルの解説書『魔法の学問による問題解決学』
　2) What's Best!，LINGOの評価版ソフトと英文マニュアル
　3) What's Best! と LINGO の日本語マニュアル
　4) 359分野に整理された雛形モデル（LINDO Systems Inc. 提供）
　5) 本書に掲載できなかった学生のクラス選択の解説など

　学生の方は，大学で商用版で教育を受け，自宅で本書に添付の評価版で学習してほしい．きっと，社会に出ても自信を持って問題解決にあたれるだろう．

　社会人の方は，大学で数理計画法を勉強していようがいまいが，本書で数理計画法の入門の知識を得た後，CDでさらにスキルアップして，自分の問題解決能力に磨きをかけよう．そして，最後の数％の利益改善に貢献しよう．

2008年10月　　　　　　　　　　　　　　　　　　　　　　　　　新村秀一

目　次

1 　高校の数学、すてたものではない ……………………………… 1
　　1・1　関数の最大と最小値 ……………………………………… 1
　　1・2　領域の最大・最小問題 …………………………………… 6
　　1・3　領域の最大最小から数理計画法へ …………………… 8
　　1・4　成蹊大学経済学部の入試問題 ………………………… 13
　　1・5　さて解答は？ …………………………………………… 14
　　1・6　不思議な双対関係 ……………………………………… 15

2 　数理計画法とは ……………………………………………… 21
　　2・1　ORとLPの歴史 ………………………………………… 21
　　2・2　数理計画法の概略 ……………………………………… 23
　　2・3　図による理解 …………………………………………… 28
　　2・4　何が得られるのか ……………………………………… 31
　　2・5　絵で考える ……………………………………………… 34
　　2・6　数理計画法の解の分類 ………………………………… 37

3 　魔法の学問による問題解決学の新時代 …………………… 39
　　3・1　新時代の幕開け ………………………………………… 39
　　3・2　数理計画法ソフトの世代交代 ………………………… 42
　　3・3　LINGOによる自然表記によるモデル記述 …………… 44
　　3・4　本書の特徴 ……………………………………………… 46

4 　意思決定に役立つ整数計画法 ……………………………… 55
　　4・1　なぜ整数計画法が必要か ……………………………… 55
　　4・2　分枝限定法 ……………………………………………… 57

	4・3	発想の転換	64
	4・4	分離貯蔵問題	69
	4・5	MPSX モデルとの変換	76

5　What's Best! って，なんだろう？ … 78

- 5・1　インストールしてみよう … 78
- 5・2　What's Best! の重要な ABC … 86
- 5・3　実際に使ってみよう … 86
- 5・4　レイアウトを確認しよう … 89
- 5・5　What's Best! を実際に使ってみよう … 91
- 5・6　その他のメニュー … 94
- 5・7　注意点 … 98
- 5・8　実際に自分でやってみよう … 98
- 5・9　ある思い出 … 99

6　物をまぜあわせる … 100

- 6・1　線形計画法の現実の問題への適用 … 100
- 6・2　さて実行してみると … 111
- 6・3　親会社にいくら請求するか … 114

7　多期間在庫管理問題 … 116

- 7・1　概略 … 116
- 7・2　完成したモデルを調べる … 117
- 7・3　多期間在庫問題を作成してみよう … 119
- 7・4　実行してみよう … 119

8　輸送計画問題 … 121

- 8・1　概略 … 121
- 8・2　WB のモデル … 124
- 8・3　解のレポートを利用する … 126
- 8・4　2 段階輸送問題 … 129

9 要員配置―望ましい割当問題の解決― 131
- 9・1 単純要員計画 131
- 9・2 個人の好みを取り入れる 138
- 9・3 さらなる改良 147

10 数理計画法による統計分析 148
- 10・1 回帰分析 148
- 10・2 回帰分析をLPで解くには? 152
- 10・3 L^kノルム最小化回帰分析 152
- 10・4 簡単な例 153
- 10・5 線形判別関数 154

11 資産管理の科学 ―ポートフォリオ分析― 158
- 11・1 ポートフォリオ分析雑感 158
- 11・2 簡単な例 161
- 11・3 LINDOからLINGOの汎用モデルへ 165

付録:単体法 168
総当り法／単体法／スラック変数とサープラス変数／単体法の問題点

参考文献

索　引

CD-ROMの内容と利用法

高校の数学、すてたものではない

　最近，大学生の学力不足が問題にされている．特に，私立文科系では，受験に数学が必ずしも必要でないため，早い時期に数学を捨ててしまうものも多い．そのため，入学後に数学などを補講する大学もある．しかし，大学では具体的に数学で解決できる問題を教えるべきでなかろうか．例えば，関数の最大・最小問題を微分でなく数理計画法（Mathematical Programming, MP）で考えると，理解が容易であり，実用的な学問にもなる．すなわち「高校数学でわかる魔法の学問」，それが数理計画法である．

1・1　関数の最大と最小値

(1) 1次関数（1次式）

　最初に1次式 $y=ax+b$ の最大・最小問題を考えてみよう．例えば，$y=2x+1$ を考える．x の動く範囲（定義域あるいは変域という）を実数全体（$-\infty < x < \infty$）とすれば，y の取る範囲（値域という）も実数全体（$-\infty < y < \infty$）になる．

　この1次式（$y=2x+1$）をグラフで表すと直線になる．例えば定義域を $1 \leq x \leq 3$ にすると，図1・1のような線分になる．この時，関数 $y=f(x)$ の値は，最大値は $x=3$ で $y=7$ になり，最小値は $x=1$ で $y=3$ になる．すなわち，定義域が有限で目的関数が x の線形式で表される場合，最大と最小値が必ず定義域の端になる．

　この本のテーマである数理計画法では，同じ内容を次のように読み替えている．x は変数あるいは決定変数（Decision Variable），定義域のことを「実行可能領域」，そして関数 y のことを「目的関数」といっている．

　そして，数理計画法では次のように記述する．

　　MAX　$2x+1$
　　ST　$x \geq 1$, $x \leq 3$

すなわち，「MAX　$2x+1$」は，$(2x+1)$という1次式で表される目的関数を最大化しなさいということである．そして「ST（Subject to，以下に制約式があるという意味）」の後の不等式は，決定変数xに課せられた制約条件になる．高校数学の言葉でいえば，定義域$1 \leq x \leq 3$で，$2x+1$の最大値を求めなさいということである．これが数理計画法の最大化モデルである．また，目的関数と制約式が決定変数の1次式で表されたモデルを線形計画法（Linear Programming, LP）と呼んでいる．

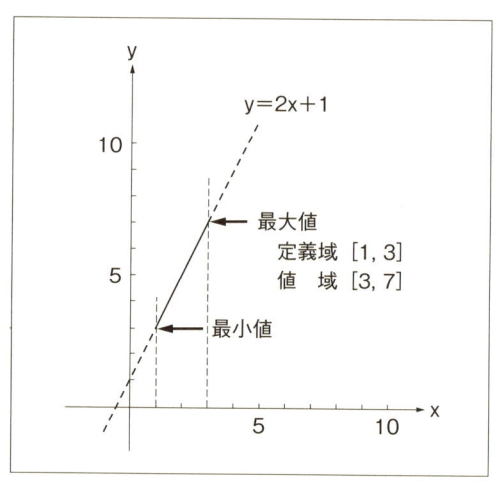

図1・1　最大と最小は線分の端に表われる

最小化モデルは，次のように表される．

　　MIN　$2x+1$

　　ST　$x \geq 1$，$x \leq 3$

定義域$1 \leq x \leq 3$は，決定変数xが自由に動きまわるのを制限しているので，数理計画法では制約式と呼ばれる．各制約式は，1つの等式あるいは不等式で表し，等号あるいは不等号の左には式を，右には定数（右辺定数項という）を書くことにする．これは，数理計画法ソフトの都合である．すなわち，$1 \leq x \leq 3$を$x \geq 1$と$x \leq 3$のように2つの不等式で表す．1と3が右辺定数項になる．

さて，ここで記憶しておいてほしいことがある．数理計画法の入力の形式はこれしかないことである．そして最大値あるいは最小値は，目的関数が線形式の場合，定義域が有限であれば，必ず線分（定義域）の端（端点）に表れるということである．

(2) 2次式

関数 $y=f(x)=ax^2+bx+c$ のように，x を入力すると x^2 が最高次の項として出力されるものを2次式という．2次式は，物理学では放物線を表す数式モデルになっている．

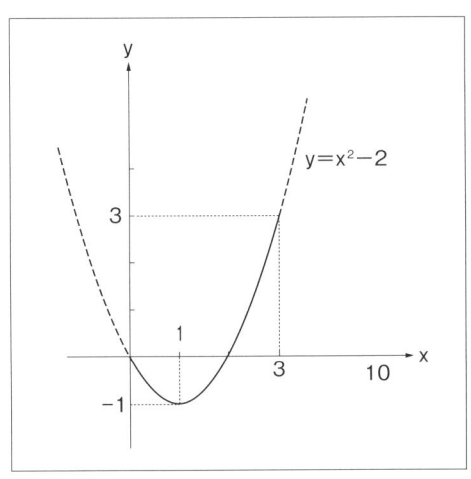

図1・2　2次式 y=x²−2 のグラフ

例えば，$a=1$，$b=-2$，$c=0$ とした次の2次式（$y=x^2-2x$）を考えてみよう．これを次のように変形すれば，図1・2のような下に凸の放物線になる．

$$y=x(x-2)=(x-1)^2-1$$

定義域は $-\infty<x<\infty$ であるけれど，値域は $-1\leq y$ となる．すなわち，$x=1$ で $y=-1$ が最小値になる．上に凸の放物線であれば，最小値に変わって，最大値が存在する．1次式や2次式の最大値や最小値は，式やグラフで表す事で簡単にわかる．しかし，もっと複雑な関数は図でもって理解できない．そこで，最大値あるいは最小値を求める一般的な方法が微分である．微分は，数理計画法の理解に直接関係ないが，最大や最小を扱う一般的な方法なので簡単に紹介する．上の2次式を x で微分することを，dy/dx あるいは $y'=2x-2$ のように表す．

$y'=0$ となるのは，$x=1$ である．すなわち，$y'(1)=2-2=0$，$y(1)=1-2=-1$ である．この点（1，−1）で接線の傾きは0すなわち水平になるので，最大値あるいは最小値をとることが分る．最大値になるか最小値になるかは，y' をもう

一度微分した2階微分 $y''=2$ の正負で決めることができる。正であれば最小値になり、負であれば最大値になる。この場合は2で正なので、最小値になる。

x に0を入れると $y'(0)=-2$ になるが、これは点 (0, 0) でこの2次式の接線の傾きが -2 であることを表す。すなわち、点 (0, 0) でこの2次式の接線は $y=-2x$ になる。さて、定義域を $0 \leq x \leq 3$ とすれば2次式は図1・2のように実線に制限され、端点 (3, 3) で最大値、(1, -1) で最小値になる。すなわち、値域は [-1, 3] になる。これを数理計画法モデルで表すと次のようになる。

  MIN x^2-2x
  ST $x \geq 0$, $x \leq 3$

このように、目的関数が2次式のものを、2次計画法 (Quadratic Programming, QP) という。これが、ノーベル経済学賞をとった「ポートフォリオ分析」や、回帰分析の最小自乗法のモデルにもなる。

(3) n次方程式

入力変数 x に対し、出力の最高次の項が x^n で表れるものを n 次の多項式という。

ここで次の3次の多項式 $y=x^3-x=x(x+1)(x-1)$ を考えてみよう。これを微分すると、$y'=3x^2-1$ になる。これが0になるのは $x=\pm 1/\sqrt{3}$ であり、この2点で接線は水平になる。$x<-1/\sqrt{3}$ を満たす任意の点 $x=-2$ では、$y'=3*(-2)^2-1=11>0$ となるので、この区間での接線の傾きは正になる。そこで、表1・1の y' を「+」と表記し、y は増加傾向を示す記号の「↗」で表す。$-1/\sqrt{3}<x<1/\sqrt{3}$ を満たす任意の点 $x=0$ では、$y'=-1<0$ になるので、y' は「−」と表し、y は減少傾向を表す「↘」で表す。$1/\sqrt{3}<x$ である任意の点 $x=2$ では $y'=11>0$ になるので、y' は「+」と表し、y は増加傾向を表す記号「↗」で表す。以上をまとめて、表1・1のような増減表を作る。

表1・1　3次関数の増減表

x	⋯	$-1/\sqrt{3}$	⋯	$1/\sqrt{3}$	⋯
y'	+	0	−	0	+
y	↗	極大	↘	極小	↗

この3次式は、図1・3のように表される。定義域は $-\infty<x<\infty$ で、値域も $-\infty<y<\infty$ であるが、$x=-1/\sqrt{3}$ で山の頂上、$x=1/\sqrt{3}$ で谷底になる。山の

頂上のように，その点の周りをみわたしても，それより大きな値がない場合を「極大値」という．ただし，例えば$x=2$で$y=6$になるので，$x=-1/\sqrt{3}$は最大値ではない．$x=1/\sqrt{3}$のように周りにその点より小さい値がない場合，すなわち谷底の状態を「極小値」という．ただし，例えば$x=-2$で$y=-6$になるので，この点は最小値ではない．これらを併せて極値という．

　すなわち，この3次式には最大や最小値はないが（あるいは∞と$-\infty$），極大値（$-1/\sqrt{3}$, $2\sqrt{3}/9$）と極小値（$1/\sqrt{3}$, $-2\sqrt{3}/9$）が存在する．しかし，定義域を$0 \leq x \leq 2$とすれば，$x=1/\sqrt{3}$は極小値であり最小値でもある．$x=2$で最大値6が求められる．これを数理計画法でモデル化すると次のようになる．

　　MIN　x^3-x
　　ST　$x \geq 0$, $x \leq 2$

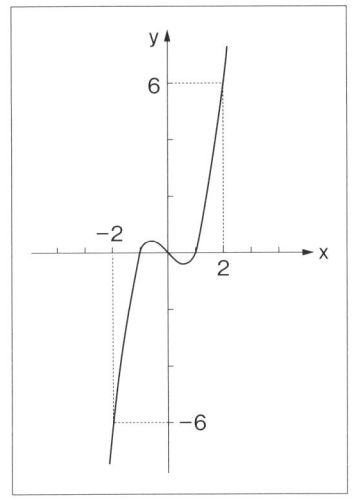

図1・3　3次多項式

　目的関数や制約式が1次式で表されないものを，一般に非線形計画法（Non Linear Programming, NLP）といっている．極大値や極小値は簡単に求まるが，それが最大値か最小値かの判断が難しい点が問題であった．しかし，2000年以降，最大値や最小値を保証（大域的最適解）することが可能になった．

(4) まとめ

　極大値と極小値は，非線形最適化で重要な概念である．

最小値は，値域で一番小さい値である．最大値は，値域で一番大きい値である．
極小値は，その値の周りにそれより小さな値がなく，複数個ある場合もある．
極大値は，その値の周りにそれより大きな値がなく，複数個ある場合もある．

1・2　領域の最大・最小問題

(1) 数理計画法は高校数学のテーマである

高校の「数学II」は，文科系の受験生も一応2年生で履修することになっているらしい．ただし，かなりの高校生が数学Iしか学習していないようだ．その中で，領域の最大・最小という次のような問題がある（戸田宏編，啓林館）．

101　連立不等式 $x \leq 5$, $x+y \leq 10$, $x+2y \leq 16$, $x \geq 0$, $y \geq 0$ の表す領域 D を図示し，点 (x, y) がこの領域を動くとき $2x+3y$ の最大値と最小値を求めよ．

読者も，高校生にたちもどってチャレンジして欲しい．実は，この問題が本書のテーマである線形計画法そのものである．数学は，一般的にいって，役に立たない，難しい，といった間違ったイメージがある．これにも一理ある．数学者は，できるだけ一般化や抽象化を好む人種である．このため，どんな分野に応用できるかの説明が欠けていることに大きな問題があろう．例えば数理計画法は我々の生活や仕事と深く係わり，数理計画法のひとつの応用モデルがノーベル経済学賞を受賞し，学問的にも非常に興味のあるテーマなのである．「数理計画法」は "Mathematical Programming" と呼ばれている．すなわち，現実の問題を数式 (Mathematical) でモデル化し，計画 (Programming) を立てる学問である．

領域の最大・最小問題は，数理計画法という現実に役立ち，学問としても面白く重要な問題を，高校数学では味も素っ気も無い「領域の最大最小問題」としているだけだ．考えてもみてほしい，この問題は連立方程式だけである．すなわち四則演算が理解できればそれで十分理解できる内容である．それだけで，人間社会のかなり多くの問題を理解し，計画を立て，解決する新しい力を与えてくれる．

(2) 教科書の解答（答101）

　教科書の解答は，次のようなものである．求める領域Dは，原点O(0, 0)，点A(5, 0)，B(5, 5)，C(4, 6)，D(0, 8)を頂点とする五角形OABCDの周および内部である．つまり，境界を含む図1・4の塗りつぶし部分である．いま，$2x+3y=k$ とすると，$y=-2x/3+k/3$ になる．これは，傾きが $-2/3$ で y 切片が $k/3$ の直線を表している．この直線が領域Dと共有点をもって動くとき，kの値（y切片）が最大になるのは，直線が点C(4, 6)を通るときで，このとき，$k=2*4+3*6=26$ となる．したがって，$2x+3y$ の最大値は26である．この問題が，本当に現実問題で役に立つのだろうか？

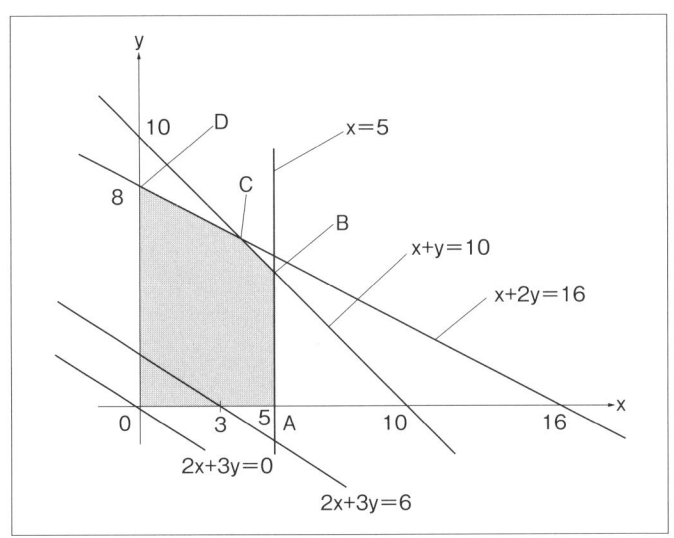

図1・4　領域の最大・最小問題の図による解

問102　この問題を数理計画法モデルに変えてみよう．
答102　MAX　$2x+3y$
　　　　　ST　　$x \leqq 5$, $x+y \leqq 10$, $x+2y \leqq 16$　ただし，$x \geqq 0$, $y \geqq 0$

【注】数理計画法では $x \geqq 0$, $y \geqq 0$ のように決定変数の非負条件は前提としているので，モデルに入れる必要はない．ソフトウエアが自動的に処理してくれる．

1・3 領域の最大最小から数理計画法へ

(1) 現実への適用

さて，1・2節の (1) で紹介した問題は現実にどのように利用されるのであろうか．

例えば，最近では中学生や高校生でも PC の組み立てをホビーにする若者もいる．話を簡単にするために，シャーシとハードディスクの2つの部品から作られている PC を自宅で組み立て，販売するものとしよう．廉価（Standard）PC は，1つのシャーシと1つのハードディスクから作られる．高級（Deluxe）PC は，1つのシャーシと2つのハードディスクから作られる．今資金繰りの関係から，シャーシは 10 個，ハードディスクは 15 個しか購入できない．そして，廉価 PC（S 台生産）は 10 万円で，高級 PC（D 台生産）は 15 万円で販売するものとする．このとき売上を最大化したいと思うのは人情である．そこで問題になるのは，廉価 PC と高級 PC をそれぞれ何台作ればよいだろうということが経営上問題になってくる．

このように，決めてやりたい生産台数（決定変数）を変数 S と D で表すことにする．廉価 PC を S 台と高級 PC を D 台作るので，具体的に5台とか10台という台数が決まらなくても，売上額は（10S＋15D）万円になる．今この売上額を最大にしたい．数理計画法では，1次式（10S＋15D）を目的関数といい，それを最大化するので次のように表す： MAX 10S＋15D

しかし，この売上高は無限にできない．それは，PC を生産するための部品によって制約を受けるからである．今の場合，シャーシが 10 個，ハードディスクが 15 個という部品の手持在庫によって生産計画が制約されるわけだ．廉価 PC を S 台作るには，シャーシは S 個必要である．高級 PC を D 台作るには，シャーシは D 個必要になる．そして，結局（S＋D）個のシャーシが必要になる．今シャーシの在庫は 10 個しかないので，（S＋D）は 10 個以下で無ければならない．これを表すのが，次の不等式である．左辺はシャーシの使用台数であり，右辺はシャーシの在庫数である： S＋D ≦ 10

すなわち不等式は，生産活動においては，部品や資金や労働可能な資源の制約を表すのに用いられる．この意味で，数理計画法では制約式と呼んでいる．

同様にして，ハードディスクの制約式は，次のようになる： S＋2D ≦ 15

この他，生産台数は負にならないので，次のような非負の制約条件が数理計画法のソフトでは自動的に付加される： $S \geqq 0, \quad D \geqq 0$
以上を数理計画法の記述方法でまとめれば，次のように表される．

$\quad$ MAX $\quad 10S+15D$

$\quad$ ST $\quad S+D \leqq 10, \; S+2D \leqq 15 \quad$ ただし，$S \geqq 0, \quad D \geqq 0$

そして，SとDをxとyに読み替えれば，$x \geqq 0, \; y \geqq 0, \; x+y \leqq 10, \; x+2y \leqq 15$ を満たす領域で，$10x+15y$を最大にする値を求めよという1・2節の(1)の領域の最大最小と同じ種類の問題になる．というよりも，(1)の問題は数理計画法で部品制約から最終製品の生産個数を決める「製品組み立て問題」を抽象化したに過ぎない．

このように領域の最大・最小問題として味も素っ気もない形で教えられれば，興味を覚える学生も少なくなるのは当然であろう．ゆとり教育とか創造性ある能力を養うためには，多くの人に興味がある，現実の応用例にまで踏み込んで，分かりやすく教えることが重要でなかろうか．

今日の数学教育の受難は，近日出男・曽野綾子の有名作家夫妻の「難しい数学なんて人生で役に立たない」に代表される数学無用論に端を発しているようだ．芸術家のように一芸に秀でた人には数学は一生必要ないかもしれない．しかし，井上靖の「敦煌」にさえ王女が城壁から放物線を描いて身を投げる感動的なシーンが出てくる．それが何だといわれればそれ以上反論できないが，2次式で表される放物線を知っていればその場面が臨場感をもって体験できる．また，一般の我々は，製造に携わらない人でも，組み立て加工に代表される製造業の重要な一面を数理計画法で簡単に理解できることは，人間社会の一員である限り不用とはいえまい．小説は直接的な利益を追求しない最たるものである．その小説家の考えが，日本の教育に与えた影響はあまりにも大きい．

(2) 柔らか頭をもとう

上の問題に関しては，現実と照らし合わせると色々と疑問が出てくる．

例えば，「企業にとっては売上高よりも利益が重要でないか？」ということである．バブル以前は，オールドエコノミーに属する企業の多くは，業界内のシェアすなわち売上を重視したものである．これに対し，バブル後不況になり，同一業種内で勝ち組負け組が明らかになるにつれ利益が重視されるようになった．この場合，廉価PCと高級PCの利益が1万円と1.5万円とすれば，目的関数を単

に（S＋1.5D）と変更すればよい．制約式は，変更する必要は無い．

　最近の学生は，製造業よりもサービス業になじみがあるようだ．その理由はいくつかある．製造業は額に汗してダサイのに比べ，サービス業はなんとなくファッショナブルであるという思い込みがある，またアルバイトでなじみがある，などである．しかしデフレ経済化における一部の勝ち組と考えられたマクドナルドも，2003 年後半には経営悪化の責任を取り伝説の経営者の藤田田氏が退任する事になった．

　そこで，この問題を学生に人気のあるハンバーガー・ショップに置き換えて考えてみよう．これは最近組み立て産業化したチェーン・レストランに普遍化できる．すなわち，工場で食材を加工し，店で組み立て加工しているわけだ．

　例えば，標準バーガー（S）は 1 枚のチーズと 1 枚の肉パテから作られる．高級バーガー（D）は 1 枚のチーズと 2 枚の肉パテから作られている．チーズの在庫は 10（単位 1000 枚）で肉パテは 15 の在庫があり，標準バーガーは 10 円の利益，高級バーガーは 15 円の利益がある．この問題は決定変数の S と D を PC からバーガーに読み替えただけで，同じ領域の最大・最小問題であることが容易にわかる．

　すなわち，数理計画法は決定変数の意味を単に読み替えることで，色々な分野で利用できる．これが，入力形式が一種類で単純なのに，色々な分野に応用できる魔法の秘密の一つである．また，部品を組み合わせて最終製品を作る問題であれば，すべてこのモデルを雛形にして修正すればよい．雛形モデルは，これまでの人類の天才や秀才が開発してきた．ポートフォリオ分析のモデルも，自分で考えだすことは難しいが，理解し利用することは簡単だ．

　次のハンバーガー・ショップの別問題を考える．標準バーガー（S）と高級バーガー（D）の粗利が 30 円と 50 円とし，60 食と 50 食しか提供できない．そして標準バーガーを作るのにアルバイトは 1 食に 1 分，高級バーガーは 1 食に 2 分の調理時間がかかる．アルバイトを昼の 2 時間だけ採用することにした．この問題を数理計画法で記述すると次のモデルになる．

　　　MAX　30S＋50D

　　　ST　$S \leq 60$,　$D \leq 50$,　$S+2D \leq 120$　　　ただし，$S \geq 0$,　$D \geq 0$

　このモデルを，横軸を S に縦軸を D にして図 1・5 に表してみよう．全部で 5 つの制約式がある．

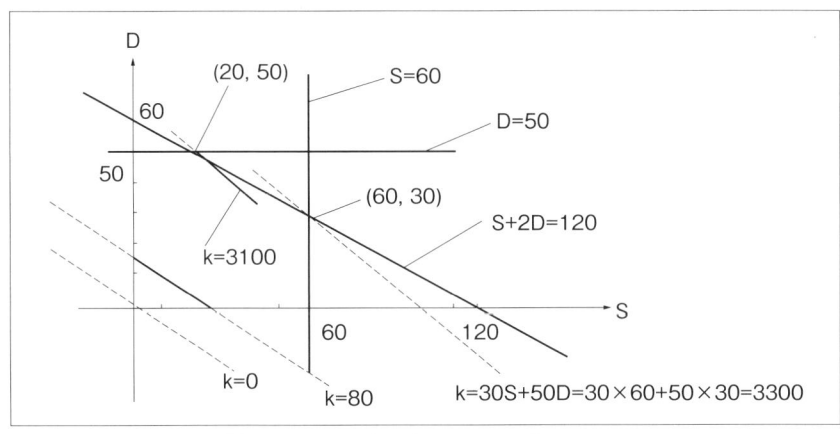

図1・5 ハンバーガー・ショップ

　最初の標準バーガーの在庫制約を表す不等式は図のようにS＝60の左側になる．2番目のD≦50の不等式はD＝50の下側になる．3番目のS+2D≦120の不等式は，図のようにD軸と60で，S軸と120で交わる直線の下側になる．4番目のS≧0と5番目のD≧0で1象限に制限される．これらの5つの不等式を同時に満足するのは，図の5角形の領域になる．この領域の任意の点（S, D）は，上の5つの不等式を同時に満足する値である．例えば両方のハンバーガーを1個ずつ作る場合，値（1, 1）を代入すると，次のようになる．

　　　MAX　　30＊1+50＊1＝80
　　　ST　　1≦60，1≦50，1+2＊1≦120

このように制約条件をすべて満たす領域のことを，「実行可能領域」という．そして，この領域に含まれるすべての点（S, D）を「実行可能解」という．標準バーガーは60−1＝59個，高級バーガーは50−1＝49個，アルバイトは120−3＝117分余裕がある．これを制約条件の「スラック（SLACK）」という．

問103　実行可能でない解をひとつ選んで，上のモデルに入れて計算してみよう．
答103　S＝60，D＝50を考えると，
　　　MAX　　30＊60+50＊50＝4300
　　　ST　　60≦60，50≦50，60+2＊50＝160≦120

　標準バーガーのスラックは60−60＝0個，高級バーガーのスラックは50−50＝0個になる．しかし，アルバイトは120−160＝−40分で，バーガーを

完売するのに 40 分アルバイトの時間を追加する必要がある.

さて，目的関数 30S+50D をどう扱うかというと $k=30S+50D$ と置くことにする．S=D=0 であれば $k=0$ になる．S=D=1 であれば $k=80$ になる．これを図 1・5 に書き込むには，k を定数と考えて

$$D = -\frac{3}{5}S + \frac{1}{50}k$$

と変形する．この 1 次式は，傾きは $-3/5$ で，y 切片は $k/50$ になる．S=D=0 を通る直線は，$k=0$ すなわち D=$-3/5$S の直線になる．S=D=1 を通る直線は，$k=80$ すなわち D=$-3/5$S+8/5 になる．

ここで注意すべきは，(S, D) が動きまわれる領域は図 1・5 の実行可能領域に制限されていることである．D=$-3/5$S の直線上では，(0, 0) だけが実行可能解である．D=$-3/5$S+8/5 の直線上では，$0 \leq S \leq 8/3$ を満足する線分だけであり，破線で示された S<0 や 8/3<S に対応する部分は対象外となる．さて，$k=160$ の直線は何を表しているのだろうか．この線分上の任意の点，例えば (2, 2) を $k=30S+50D$ に代入すれば，必ず $k=160$ になる．すなわち，領域 D（定義域）の任意の点に対し，値域の値 k が 1 個対応している．そして値域 $0 \leq k \leq $ max の最大値すなわち max を求めることである．また，k が一定の線は売上額の等高線すなわち等売り上げ直線になっている．目的関数が利益であれば，等利益直線になる．

原点を通る傾き $-3/5$ の直線を k が大きくなるように右上に平行移動していけば，図形の端点 (60, 30) か (20, 50) で最大値をとることが視覚的にわかる．これらの点を代入してみれば

$k = 30 * 60 + 50 * 30 = 1800 + 1500 = 3300$

$k = 30 * 20 + 50 * 50 = 600 + 2500 = 3100$

となって点 (60, 30) で $k=3300$ が最大値になる．すなわち，数理計画法は図の領域 D を定義域として，目的関数の値域が $0 \leq k \leq 3300$ である最大最小問題になる．

1・4　成蹊大学経済学部の入試問題

読者への次の試練は，平成10年度の成蹊大学経済学部の数学の入試問題である．出題者は，常日頃難しい概念を図（ポンチ画）でもって説明することを夢想していたとのことである．そして，多くの研究者が難しい数式を操り数理計画法を議論しているのを尻目に，ある重要な概念を絵でもって説明することを考えたらしい．しかし，それを公の場（学会や論文）で発表しないまま，以下の試験問題を作ってしまったそうだ．

しばらくは自己満足にひたっていたが，入試が近づくにつれ解答者がいなかったら，教育者として失格であると自責の念にとらわれ眠れない夜が続いたらしい．しかし，どの設問にも回答があり「ほっと一安心し，受験勉強の火事場のくそ力に驚嘆した」とのことである．

問104　成蹊大学経済学部の入試問題

注：実際の問題は，括弧の中に，「あ」から「に」のひらがなが振ってあり，ひらがな1字に0から9までの整数を選ぶようになっている．

3つの条件 $x \leq 5$, $x+y \leq 10$, $x+2y \leq 16$ のもとで，$k=ax+by$ を最大にしたい．（　）に適する答えを解答欄にマークせよ．

(1) $a=2$, $b=3$ のとき，$x=$（あ），$y=$（い）で，k は最大になり，その値は（うえ）である．

(2) $b=3$ と固定する．

　① $x=$（あ），$y=$（い）で，k が最大になるための a の範囲は，$\dfrac{（お）}{（か）} \leq a \leq$（き）である．

　② $a=\dfrac{（お）}{（か）}$ のとき，k の最大値が（くけ）である x の範囲は，（こ）$\leq x \leq$（さ）である．

　③ $0<a<\dfrac{（お）}{（か）}$ のとき，$x=$（し），$y=$（す）で，k は最大になり，その値は（せそ）である．

　④ $a=$（き）のとき，k の最大値が（たち）である x の範囲は，（つ）$\leq x \leq$

(て)である.

⑤ (き) $< a$ のとき，$x=$ (と)，$y=$ (な) で，k は最大になり，その値は $ax+3y$ である．例えば，$a=$ (に) のとき，k の最大値は 35 である．

1・5 さて解答は？

3 つの条件 $x \leqq 5$, $x+y \leqq 10$, $x+2y \leqq 16$ のもとで, $k=ax+by$ を最大にすることを考えている．これまでと異なるのは，係数が a と b というように定数でないことである．

(1) $a=2$, $b=3$ のとき, $k=2x+3y$ は図 1・6 の点 C $(x=4, y=6)$ で最大になり, その値は 26 である．

(2) $b=3$ と固定すると $k=ax+3y$ になる．

① $x=4$, $y=6$ で, k が最大になるためのは, $y=-(a/3)x+k/3$ から a が $-1 \leqq -a/3 \leqq -1/2$ を満たす必要がある．-1 は「$x+y=10$」と同じ傾き, $-1/2$ は「$x+2y=16$」と同じ傾きを現す．すなわち, $3/2 \leqq a \leqq 3$ である．図 1・6 では, 目的関数は C に固定され, 傾きは①の範囲で動く．

② $a=3/2$ のとき, 目的関数は「$k=1.5x+3y$」になる．k の最大値は $(4, 6)$ を代入して 24 になる．その時図の②の範囲が最適解になる．すなわち, 最適解は②の線分の無限の点になる．x の範囲は, $0 \leqq x \leqq 4$ である．

③ $0 < a < 3/2$ のとき, $x=0$, $y=8$ で, k は最大になり, その値は 24 である．図で目的関数は D に固定され, ③の範囲で動く．すなわち, 最適解が点 C から②の線分, そして点 D に移動したことになる．

④ $a=3$ のとき, k の最大値が 30 である x の範囲は, 図の④の $4 \leqq x \leqq 5$ である．

⑤ $3 < a$ のとき, 点 B の $x=5$, $y=5$ で, k は最大になり, その値は $5a+15$ で図の⑤の範囲で動く．例えば, $a=4$ のとき, k の最大値は 35 である．

この問題に正解した人は，後で紹介する数理計画法の出力である減少費用，双対価格，感度分析の意味を図で簡単に理解できる．そして驚くことに，統計分析では種々の統計量を理解しなければいけないが，数理計画法で理解すべきことはたったこれだけである．

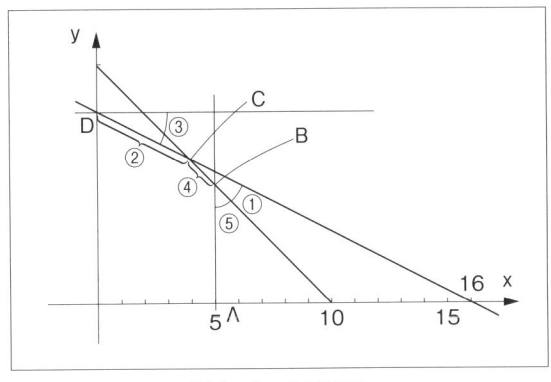

図 1・6 入試問題

1・6 不思議な双対関係

ここでは,「双対 (Dual)」という不思議な関係を学ぶことにしよう.

(1) 面積を最大化する

読者は,高校数学に良く現れる,次の問題を考えてみよう.

問105 長さ 20m のひもを折り曲げて長方形を作ることにする.この時面積 S を最大にするには,一辺 x を何 m にすれば良いだろうか.

答105 一辺を x とすれば,他の一辺は $20/2-x=10-x$ になる.そこで,面積 S は次のようになる.
$$S = x(10-x) = -x^2+10x = -(x^2-10x+25)+25$$
$$= -(x-5)^2+25 \quad \text{ただし,定義域は } 0 \leqq x \leqq 10$$

すなわち図 1・7 のように上に凸な 2 次式なので,$x=5$ で $S=25$ 平方メートルという最大値をとることがわかる.すなわち,微分しなくても図から 2 次関数の最大最小がわかる.

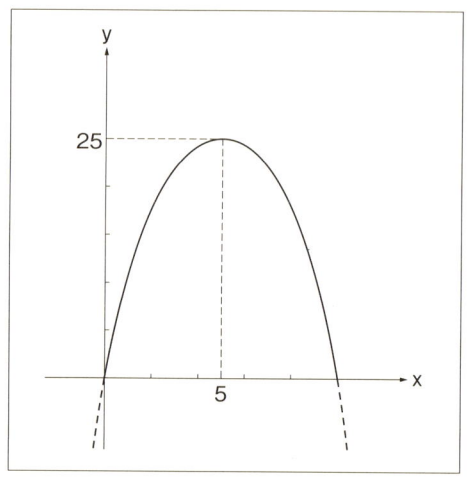

図1・7　上に凸な2次関数

あるいは，Sをxで微分すると，$S'=-2x+10$になる．増減表は表1・2のようになるので，$x=5$でS=25という最大値をとることになる．以上から，ひもを一辺5メートルの正方形にすると面積が最大化されることがわかる．

表1・2　ひもの長さ一定の増減表

x	…	5	…
S'	+	0	−
S	↗	25	↘

問106　上の問題を数理計画法の形式で表せ．

答106　MAX　$-x^2+10x$
　　　　 ST　　$x \geqq 0,\ x \leqq 10$

(2) ひもの長さを最小化する

次に，面積が一定の場合，ひもの長さを最小化してみよう．

問107　ひもを折り曲げて面積Sが25平方メートルの長方形を作る．この場合，ひもの長さを最小にする長方形を求めてみよう．

答107 縦と横の長さを x と y とし，ひもの長さを k とする．この時，次の2つの関係が得られる．

$S = x * y = 25$　　　………①
$k = 2x + 2y$　　　………②

①より y を x で表すと $(y = 25/x)$ になる．これを②に代入すると，次の式 $(k = 2x + 2*25/x = 2x + 50/x)$ が得られる．k を x で微分すると，次のようになる．

$k' = 2 - 50/x^2 = 0$ より，$x^2 = 25$ すなわち $x = \pm 5$ で k' は0になる．ただし，$x > 0$ より $x = 5$ で k' は0になる．増減表を作ると，表1・3のようになる．$x = 5$ を①に代入して $y = 5$ になる．

表1・3　面積一定の増減表

x	…	5	…
k'	−	0	+
k	↘	20	↗

すなわち，$x = y = 5$ すなわち $k = 20$ が，面積が一定でひもの長さ k を最小にする解である．そして，この図形は正方形になる．

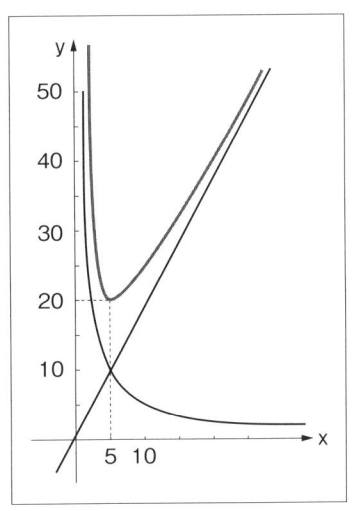

図1・8　面積一定

グラフにすると図1・8になる．最小値は，$y = 2x$ と $y = 50/x$ の交点 $(x = 5)$

で，$k=2*5+50/5=20$ になる．

問108 上の問題を数理計画法の形式で表せ．
答108 MIN $2x+2y$
ST $x*y=25$

　このモデルは，目的関数は x と y の線形式であるが，制約式は $x*y=25$ と線形でない．すなわち，非線形計画法のモデルになる．

(3) 双対関係

(1) と (2) の問題は，いずれも高校数学でよくでてくる問題である．実は，この問題はお互いに「双対な問題」といわれる．

(1) の問題は，「ひもの長さが一定で，面積が最大になるのは正方形である」．
(2) の問題は，「面積が一定で，ひもの長さを最小化すれば，正方形になる」．
すなわち，両方の文章を対応させれば，「□を一定にする条件で，△を○化すれば正方形が得られる」という構造をもっている．この時，

(1) では，「□ = ひもの長さ，△ = 面積，○ = 最大」を
(2) では，「□ = 面積，△ = ひもの長さ，○ = 最小」が □, △, ○ の正解になる．

1次元のひもの長さと2次元の面積を入れかえ，最大と最小を入れかえると，一辺5メートルの正方形という同じ解が得られた．このような関係を広く「双対」といっている．

(4) 線形計画法の双対問題

実は，双対問題が体系的に研究され論じられてきたのは，数理計画法の分野である．PC製造の問題で，売り上げの10万円と15万円を1万円と1.5万円と変更した次のモデルを考える（現実的でなければ利益と読み替えしてよい）．

MAX $S+1.5D$
ST $S+D \leq 10$, $S+2D \leq 15$

このモデルを，図1・9の左のように係数を抜きだして表すことにする．

	S	D				1	1.5	MIN	
	1	1.5		MAX	⇔	≥	≥		
	1	1	≤	10		1	1	10	B
	1	2	≤	15		1	2	15	H

図 1・9 双対問題

　一方，右のモデルは次のような配合問題を考えている．今，PC の部品在庫がなく，他社より資源として PC を購入しその部品を用いて PC を再生産することを考える．あるいはこのような前提がばかげていると考えるなら，ブランド力があるので他社に製品を作らせ OEM 販売することにした．このとき，シャーシ 1 個の仕入れ価格を B，ハードディスク 1 個の仕入れ価格を H としよう．シャーシ 10 個とハードディスク 15 個の仕入れ価格を最小にしたい．モデルは，次のようになり，係数を取り出したものが図 1・9 の右の係数である．

　　　MIN　10B＋15H
　　　ST　　B＋H ≧ 1，B＋2H ≧ 1.5

　制約式（B＋H ≧ 1）は，標準 PC にはシャーシ 1 個とハードディスク 1 個が含まれていて，部品の購入代金（販売価格の下限）が OEM 先の販売額の 1 万円以上であることを表す．1 万円以下であれば，OEM 先はわざわざ他社に販売する必要が無い．また，実際に MIN 問題なので不等号を逆にして最適解を求めると 0 になる．制約式（B＋2H ≧ 1.5）は，高級 PC にはシャーシ 1 個とハードディスク 2 個が含まれていて，その部品の購入代金が OEM 先の販売額の 1.5 万円以上であることを表す．このような置き換えによって，製品組み立てモデルが，配合問題と呼ばれる数理計画法の双対問題に置き換わる．数理計画法の双対問題は，決定変数と制約式，目的関数の係数と制約式の右辺定数項の入れ替えで，最大化（MAX）問題が最小化（MIN）問題に置き換わる．配合問題は，幾つかの異なった産地からの原材料を配合し，最終製品がある一定以上の製品規格を満たすという条件のもとで，材料費の購入金額を最小化する購入量を決定する問題である．本来の配合問題は，原材料の配合比率である事に注意してほしい．すなわち，双対問題では購入単価×購入量において係数と変数も入れ替わることになる．

　日本では，養鶏業や酪農などにおいて，ある一定以上の栄養成分をもつ配合飼料を最も安い原材料から配合するのに利用されている．また，石油産業と並んで鉄鋼業において多用されている．しかし，配合問題は薬品やアイスクリームなど

の高級食材の原材料の決定には用いられないだろう．これらは，原材料費のウエイトが少なく，風味，イメージ，ブランドが重要な項目になってくるからである．

(5) 絵にかいてみよう

さて，製品組み立て問題と配合問題の双対問題を図1・10のようにかいてみよう．図にみるように製品組み立て問題の最適解は$D=5$，$S=5$で目的関数の値は，$1*5+1.5*5=12.5$になる．一方，配合問題の最適解は，$B=0.5$，$H=0.5$で，目的関数の値は$10*0.5+15*0.5=12.5$と必ず同じになる．販売金額が10万円と15万円のままであれば，双対問題の最適解も(5, 5)になり説明に誤解を生むので1万円と1.5万円に変更した．数理計画法で双対問題が取り上げられたのは，数学的な興味に加えて，計算時間の問題がある．制約式の数をp，決定変数の数をqとすれば，線形計画法の計算時間はp^2*qに比例するといわれている．すなわち，p>qであるモデルでは双対問題にした方が計算時間は少なくなる．しかし，これは計算機の能力が低く，計算費用が高くついた時代の話である．高速で安価なPCで数理計画法が解ける今，多くの問題は，双対問題に置き換える必要性は少なくなっている．この双対問題が重要なのは，後で紹介する双対価格と減少費用の関係がわかることだ．

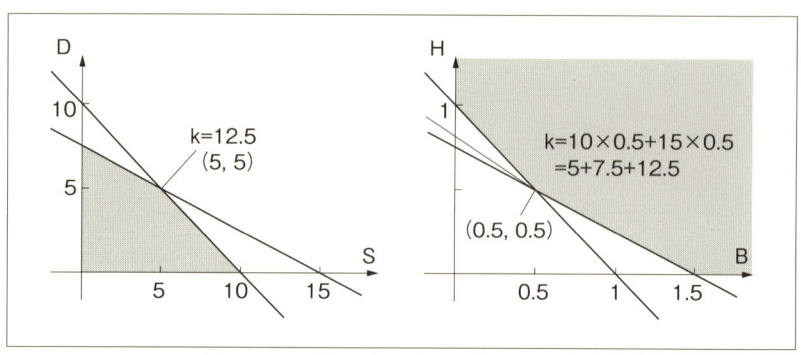

図1・10　製品の組み立て問題と配合問題

2 数理計画法とは

　数理計画法は，人間の最も人間らしい証である意思決定モデルを数多く提供してくれる．この数理計画法は，理系では OR（Operations Research），文系では MS（Management Science）と呼ばれる学問分野のなかで，特に重要な位置を占めている．それでは，OR と数理計画法の成り立ちを，次にみてみたい．

2・1　OR と LP の歴史

(1) OR の歴史

　風雲急を告げる 1935 年，イギリス空軍では，後でレーダーと呼ばれることになるラジオ・ロケータの開発をしていた．そして，これを実践に利用するための運用研究（英国風に言えば，オペレーショナル・リサーチ）の必要性が生じた．そこで，当時マンチェスター大学のブラッケット教授が，この研究を手始めに，陸軍の対空防衛部隊の作戦参謀を支援する科学者のチームを編成した．その後，第 2 次世界大戦に入ってからは，数々の難問を解決し，この研究者グループはブラッケット・サーカスと呼ばれるようになった．アメリカ英語では，多分チームとかプロジェクトというだろう．同教授は，1948 年には，宇宙線の分野の業績でノーベル賞を受賞している．アメリカでも，戦争に突入すると，英国に習って科学者や技術者が，作戦研究や運用研究に動員された．戦後，これらの成果を，企業などの経済活動で，人，金，物の運用を科学的にアプローチする学問として，オペレーションズ・リサーチすなわち OR とその代表選手の LP が誕生した．

　この部分は，敬愛する近藤次郎先生（1983）の受けうりである．

(2) LP の歴史

　1944 年に，ジョン・フォン・ノイマン（John von Neumann）は，ゲームの理

論を線形不等式系とからめて研究していた．1947年には，米国のシンクタンクのRAND研究所（米国，サクラメント）にいた応用数学者のダンティック（Dantzig）が単体法を考えるまで，誰も線形不等式で表された数式モデルが，こんなに実用的で役に立つとは考えていなかった．そして，この手法により，ゲーム理論に限らず異なった様々な問題が，LPで統一的に扱えるようになった．第2次世界大戦後，米国空軍はこれからの総力戦に対して，全国民のエネルギーを効率的に運用することを考えていた．

当面の目標は，コンピュータを利用して，レオンチェフ（Wassily Leontief）の産業連関モデルを一般化する事であった．1947年の6月には，LPモデルが開発された．ご存じの通り，レオンチェフは，これでノーベル経済学賞を受賞した．そして，1947年の夏頃に，これを解くための「単体法」が誕生した．

開発者のダンティックによれば，山の1つの峠から稜線を伝って次の峠に行くこの方法は，最初あまり効果的と考えられなく試みられなかったそうだ．頭で考えて結論せず，実際にやってみることの重要性を教えてくれる．

最初の産業への応用例として，1951年にCharnes, CooperとMellonによる石油精製のスケジューリングの先駆的研究がある．最初の2人は，最近ではLPの応用モデルであるDEA法の開発者として，後で登場するので覚えていてほしい．この後，石油業界では，石油探査，採掘，流通，タンカーの配船などに広く応用された．今日でも，数理計画法が最も利用されている業界である．これに対して，1953年に，大手の食品加工会社において，全米の6つの工場から70の倉庫へケチャップを輸送するという今日のLPの代表的な「輸送計画問題」が考えられた．輸送問題は，単体法以外に特殊な解法がある．すなわち，コンピュータパワーが不足していた時代の省力化法である．さらに，家畜飼料の配合問題や，石油業界に次いで応用事例の多い鉄鋼業界に利用され今日にいたっている．

この部分は，ダンティックの著書（1963）による．

(3) 内点法のどたばた劇

今日，LPの解法としては，実行可能領域の端点を探索する単体法が有名だ．これに対して，インド生まれのカーマーカーが，カーマーカー法あるいは内点法（LINDO社製品ではBarrier法と呼んでいる）と呼ばれる実行可能領域の内部から最適解にアプローチする解法を提案し，次の点で注目を集めた．1) 彼が勤めていたAT&Tがアルゴリズム特許として申請し認められたことである．数学の

計算法が，特許として認められた背景には，米国政府の世界戦略がある．2）彼の発表論文は伏せ字だらけという異様さも，この分野の研究者に衝撃を与えた．3）UNIXやCを無償公開し，この分野に貢献したあのAT&Tが，内点法と自社製スーパーコンピュータをセットにして販売したが，事業としては失敗した．

2・2 数理計画法の概略

(1) 数理計画法て何だ

　Mathematical Programming（数理計画法）のプログラム（Program）という言葉は，学芸会のプログラムからコンピュータ・プログラムまで日常広く使われている．なにか一定の規則にもとづいて，一つのことをやり遂げるための手順書という意味だ．

　日本では，これを計画法と呼んでいる．学問の用語として威厳を保つため，漢字を選んだ訳だ．ただ威厳だけでなく，生産計画，輸送計画，資金運用計画，日程計画など計画という名のつくものを実際に解決してくれる強力な手法だ．

　この数理計画法は，計算法で分類すれば，次のような家族で構成されている．
- 線形計画法は，Linear Programming（LP）の訳だ．目的関数と制約式が，線形の等式や不等式で表される．解法としては，単体法と内点法（Barier法）が知られている．
- 整数計画法は，Integer Programming（IP）の訳だ．決定変数が，0/1の2値か，非負の一般整数で表される．代表的な計算法は，分枝限定法などがある．
- 2次計画法は，Quadratic Programming（QP）の訳だ．目的関数が2次式で表されるものをいう．目的関数を1次近似すれば，線形計画法の計算法が利用できる．
- 非線形計画法は，NonLinear Programming（NLP）の訳だ．目的関数や制約式が線形でない場合である．解法としては，GRG2が有名だ．

　第1世代の数理計画法ソフトでは，読者が解きたいモデルがどれに属するか知ったうえで，解法を選ぶ必要が必要があった．しかし第2世代の数理計画法ソフトでは，これらの解法はすべて一つのソフトに含まれ，解法はソフトウエアが自動的に判定し選んでくれる．ようやく2000年以降，非凸（凹）領域で整数変数

を含む非線形問題の大域的な最適解が保障されるようになった．専門家が必要とする機能とは，このような問題が容易に解けるか否かということである．
　これに対して，親戚筋に当たるものとして，次のものがある．
・分数計画法は，目的関数が分数形式で定式化されるものをいう．DEA（D効率性分析）は，その代表である．しかし，分母を1に固定し制約式に移行すれば，線形計画法を繰り返し解くことで求まる．DEA法は，『魔法の学問による問題解決学』の9章で汎用モデルを紹介している．
・多目的計画法は，目的関数が複数個ある場合である．ポートフォリオ分析は，リスクを最小化し，リターンを最大化したいという2目的最適化問題である．この場合，リターンを制約式に取り込んでリスクを目的関数として最小化することで2次計画法になる．リターンの下限を何段階かで変えることで効率的フロンティアを描いて判断するスマートな方法をとっている．一方，判別手法のニューフェースであるソフトマージン最大化SVM（Support Vector Machin）も2目的最適化であるが，2つを重みで加重して単目的化している．私は，個人的にはこの方法に懐疑的である．
・ネットワーク計画法は，モデルがネットワークで図示できるものの総称である．DP（Dynamic Programming）やプロジェクト管理のPERT（『魔法の学問による問題解決学』の7章）など幅広い問題がある．
・確率計画法は，決定変数が確率変数の場合で，What's Best! では2008年後半に利用できる予定である．
　これらの一族を最終的に使いこなせるようにするのが，本書の目的だ．

(2) 線形計画法とは

　LPとは，目的関数と制約条件が，次のような決定変数 x と y の1次式で表されるものをいう．

　　　MAX $1.5x+y$
　　　ST $2x+y \leq 4$, $x+y \leq 3$ ただし，$x \geq 0$, $y \geq 0$

　数理計画法では，x や y のような変数を決定変数という．私たちの意志によって，制御できる変数のことだ．制御できないものは，決定変数に用いてはいけない．制約式は，決定変数の1次不等式や等式で表される．この例では，2つの不等式制約がある．そして，決定変数には，0または正の非負条件を課す．
　等式の $2x+y=4$ は，2次元の実数空間 (x, y) で，図2・1の直線で表され

る．そして，不等式制約の $2x+y<4$ は，この直線の左下側になる．原点 $x=y=0$ が，この不等式を満たしていることから容易にわかるだろう．このように不等式制約を満足する領域を，半平面という．すなわち，2次元の実数空間は，直線によって2つの半平面に分けられる．そして，半平面は1次不等式でもって表される．

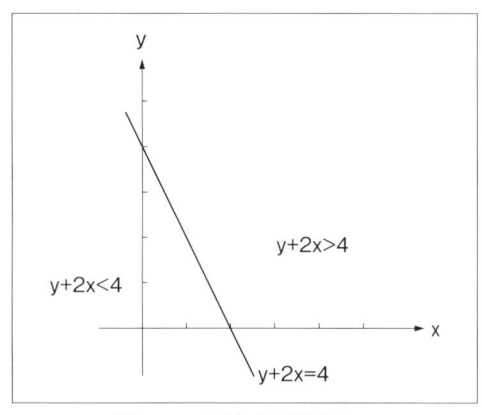

図2・1 不等式と半平面

問201 人類は，正の整数から始まり，零，負数，虚数と数の世界を拡張してきた．一旦手に入れた世界を，数理計画法ではわざわざ非負の世界に閉じこめるのは，勇気がいる．なぜだろうか．

答201 数理計画法は，当初は産業活動の計画作成に用いられた．その時，決定変数は資源制約を表し，負の値をとらないので，非負条件が一般的になった．しかし，金融などに利用されると，株の売りを負，買いを正に，あるいは儲けを正に赤字を負として表す必要が生じた．非負の条件を持たない決定変数を自由変数といっている．

さて，ここでは4つの制約条件を考えた．これらの制約条件を同時に満たすのは，図2・2の四角形の内部になる．これは，2次元の実数空間 R^2 の凸領域になる．この四角形の領域に含まれる点の中から，関数 $1.5x+y$ を最大にする x と y の値を求めるのが，線形計画法だ．この四角形のことを，実行可能領域という．そして，それに含まれる点を実行可能解という．

そして重要なことは，線形不等式の共通集合である実行可能領域は，図2・3

に示すような凸領域になり，決して凹領域にならないことだ．凸領域は，領域内の任意の2点を結ぶ直線が，またこの領域に含まれる．これに対して，凹領域に含まれる2点を結ぶ直線は，必ずしも凹領域に含まれない．すなわち，目的関数 $k=1.5x+y$ は点Bという端点1個で最適になるが，$k=x+y$ に変わると点BとCを結ぶ線分（凸領域のため全て実行可能解であり，最適解になる）になる．ただし，線形計画法ソフトでは，点BかCが最適解として出力される．

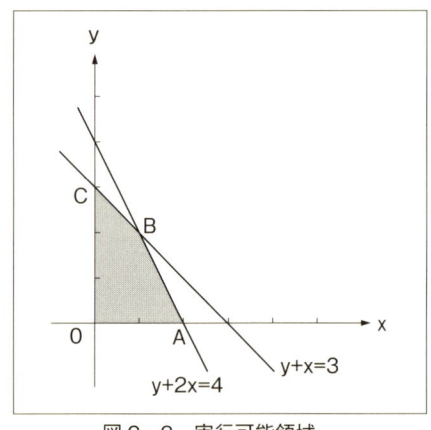

図2・2 実行可能領域

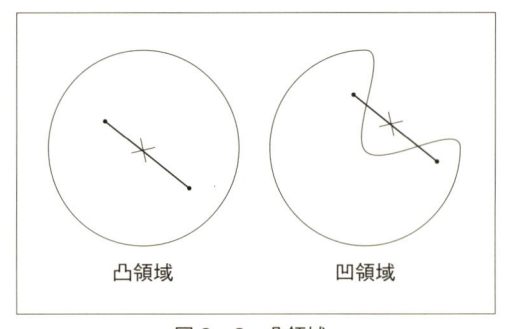

図2・3 凸領域

(3) 整数計画法とは

　整数計画法とは，決定変数が整数の場合だ．値が0と1に限る場合を0/1型の整数計画法という．あれを選ぶかこれを選ぶかの二者択一の意思決定に用いられる．私は，新しい判別分析モデルの開発に用い，線形判別分析の新しい知見を幾つか得た（新村，2007）．0,1,2…の場合を一般整数型の整数計画法という．飛行

機などの高額な製品の製造個数の決定などに用いる.

前の例で考えれば，図2・4のような格子点を実行可能領域と考えることだ．モデルとしては，次のような一般整数型の数理計画法になる．

  MAX $1.5x+y$
  ST $2x+y \leqq 4$, $x+y \leqq 3$, xとyは一般整数変数

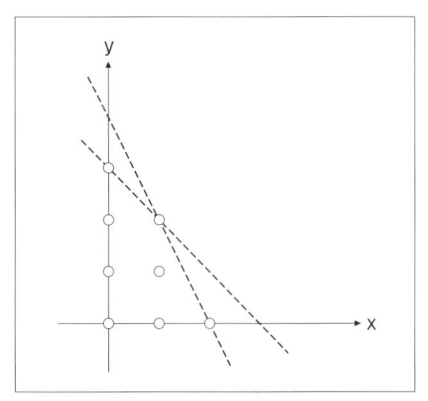

図2・4　整数計画法の実行可能領域

わずか8個の点で，関数の値を評価し，最大のものを選べばよい．LPよりずいぶん簡単に思うだろう．しかし，このような問題は，一休さんのとんち問題に現れる「組み合わせの爆発」が起こり，数理計画法で一番やっかいな問題なのだ．これに対して，分枝限定法（ブランチ＆バウンド）という頭のいい方法が整数計画法で用いられている．4章で紹介するので，楽しみにしていてほしい．

(4) 2次計画法とは

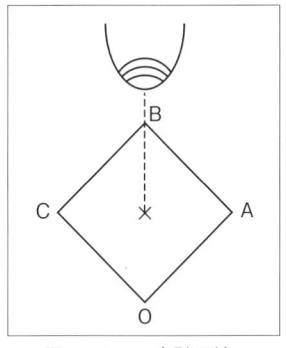

図2・5　2次計画法

2次計画法（QP）は，次のように，制約条件が線形制約で，目的関数だけが決定変数の2次式になるものをいう．

  MIN $x^2+2xy+y^2$
  ST $2x+y \leqq 4,\ x+y \leqq 3$

図2・5で表せば，下に凸な2次関数の最小値を，実行可能領域の中で求めることになる．いってみれば，山の頂点（谷底というべきか）を探すようなものだ．2次計画法で一番有名なのは，ハリー・M・マーコウィッツのポートフォリオ分析である．また，重回帰分析も2次計画法になる．

(5) 非線形計画法

NLPとは，LPでもQPでもないものをいう．すなわち，目的関数や制約条件の中に，線形でないものがある場合だ．QPは，目的関数が線形でないので，NLPとして扱うこともできる．ただし，解法としては単体法の変形が用いられるので，こちらの方が計算時間は早い．NLPでは，最大値や最小値を求めたいのに，極大値や極小値が求まり，それが真の最大や最小値か判定しにくい点にある．また，実行可能領域が凹のものも現れる．数理計画法ソフトが，真の最大や最小値をほぼ間違いなく求めることができるようになり，凹領域で整数変数を含むようなモデルを解くことができるようになったのは2000年以降のことである．

2・3　図による理解

(1) 2次元の場合

図2・2の実行可能領域に，図2・6のように目的関数$k=y+1.5x$を幾つか書き込んでみよう．例えば，原点を通る目的関数の値は0になる．また，xが1でyが0の点を通る目的関数は，その線上のどの点でも値は1.5になる．目的関数の直線を右上に平行移動していけば，kの値が大きくなることが分かるだろう．いってみれば，地図の等高線みたいなものだ．そして直感的に，xが1でyが2の点で，目的関数が最大の3.5になる．これが，数理計画法で求められる最低必要な知識である．

2. 数理計画法とは   29

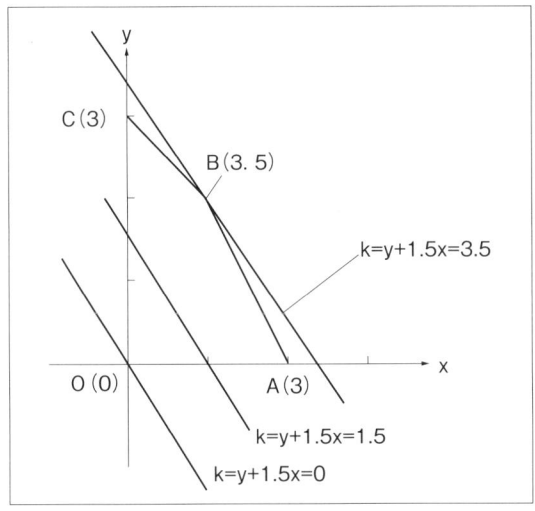

図2・6 数理計画法は等高線を考えることだ

問202 しかし，この方法は分かりやすいが，決定変数が2つの2次元でしか利用できない．一般的には，どうすればよいのだろうか．

答202 実行可能領域の辺を表す直線の交点（凸体の頂点）をすべて求めて，それを代入すればよい（総当り法）．単体法は，それをより効率的に行う方法である．

(2) さて山登りしよう

いま図2・7のように山登りしていて，分かれ道にきたとしよう．さて，どっちに行ったものか．ここでの判断としては，急な坂道を選んだ方が，早く頂上に着けると考えても，悪くはないであろう．まさに，これが単体法の考え方だ．

さて，山登り法のイメージで考えられる単体法を，前の図2・6で考えてみよう．四角形の端点 O, A, B, C に数字が書き込んである．原点 O の値が $k=0$，AとCは $k=3$，Bが $k=3.5$ である．読者は，いま出発点のOにいる．さて，次の峠のAをめざすべきか，Cをめざすべきか．Aへの道は，勾配が $3/2=1.5$ で，Cへの道は勾配が $3/3=1$ であることがわかる．そこで，コンピュータは人間と異なりタフなので勾配の急なAへの道を選ぶことになる．Aへの道から頂上のBへは，一本道である．そして，標高3.5の頂上にたどり着く．やった，頂上をきわめたぞ．

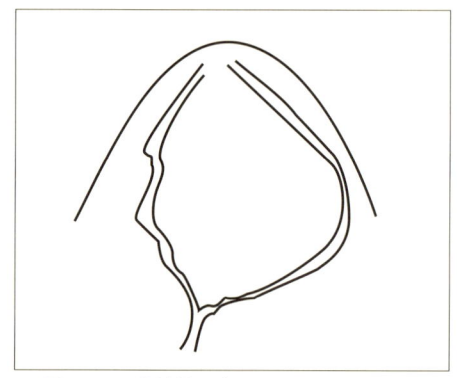

図2・7 単体法は急坂を登山することだ

　ここで重要なことは，単体法は出発点から実行可能領域の縁（稜線）を伝って，次の凸体の頂点（峠）へ移動していく点だ．すべての端点を計算する必要が無く，効率的だ．

(3) 連立方程式

　さて，単体法は急な山道を登って頂上にたどり着けばよいことが分かった．この山道は，決して下りがなく，登りだけという点だ．これは，実行可能領域が凸で，目的関数が線形のためだ．実際には，どうすればよいのだろう．単体法を以下で判りやすく説明する．O点は，2つの連立方程式 $x=0$ と $y=0$ の交点（解）だ．

　この値を目的関数に代入すると0になる．次にA点とC点のうち，勾配の急なA点に移る．A点は次の連立方程式 $y=0$ と $2x+y=4$ の解になる．すなわち，$x=2$, $y=0$ になる．この値を目的関数に代入すると3になる．A点からの登りは一つなので，迷わずB点に移ることになる．

　同じくB点は，次の2つの方程式 $2x+y=4$ と $x+y=3$ の解，$x=1$ と $y=2$ になる．この値を目的関数に代入すると3.5になる．

　B点が最適解であることは，C点は下り坂になることから分かる．すなわち，B点は隣接するA点とC点と比べて値が大きいことから，最大値（極大値）と判断できる．これは重要な点だ．単体法は，制約条件と関連した連立方程式の解の中で，目的関数を最大（あるいは最小）にするものを効率的に探す手法である．

【注】ここで述べた方法を，目的関数と制約式の係数だけを抜き出し（単体表という），この表を操作し最適解を探すのが単体法である．これを数理計画法の授業の中心で行ってきたのは間違いである．単体法は，付録で説明している．

このような簡単な例では，4組すべての連立方程式の解O，A，B，Cを求めて，それを目的関数に代入して最大になる点Bを見つける「総当たり法」をやれば良いように思うだろう．これに対して，単体法はO点でAに行くかCに行くかを決めるのに，勾配を用いるという無駄をしている．しかし，決定変数や制約式が多くなると，総当り法よりも単体法が，計算時間がはるかに少なくてすむ．

2・4　何が得られるのか

(1) LINGO で実行すると

この問題を LINGO で解いてみよう．このモデルは，CDの「WB1」フォルダーに格納してある（LINGO201.lg4）．もし，利用する場合は，必ずCドライブにコピーしてから使おう．モデルの記述法は．1) 目的関数は等号（＝）で示す．2) 四則演算記号を用いる．3) 目的関数や制約式の終わりはセミコロン(;)で終わる．4) ≦や≧は <= や >= で表す．図2・8にモデルと出力を示す．

```
MODEL:
MAX=1.5*x + y;
2*x + y <=4;
x+y<=3;
END
```

```
Global optimal solution found.
  Objective value:                              3.500000
  Infeasibilities:                              0.000000
  Total solver iterations:                             2
              Variable           Value        Reduced Cost
                     X        1.000000            0.000000
                     Y        2.000000            0.000000
```

Row	Slack or Surplus	Dual Price
1	3.500000	1.0000000
2	0.000000	0.5000000
3	0.000000	0.5000000

図2・8　LINGOのモデルと出力（LINGO201.lg4）

　最適解は，前にもみたように，VARIABLE欄のVALUEの$x=1$，$y=2$である．目的関数の値は，「OBJECTIVE VALUE」の3.5（$=1.5*1+2$）になる．

　このほか，減少費用（REDUCED COST），スラック変数またはサープラス変数（SLACK OR SURPLUS），双対価格（DUAL PRICES）が出力されている．

　次の感度分析の出力（図2・9）は，LINGOのメニューで［Option］→［General Solver］を選んで，「Dual Computation」欄で「Prices & Ranges」オプションを選んで指定する．そして，モデル画面を表示した後で［LINGO］→［Range］を選ぶことで出力される．

Ranges in which the basis is unchanged:

	Objective Coefficient Ranges		
Variable	Current Coefficient	Allowable Increase	Allowable Decrease
X	1.500000	0.5000000	0.5000000
Y	1.000000	0.5000000	0.2500000

	Righthand Side Ranges		
Row	Current RHS	Allowable Increase	Allowable Decrease
2	4.000000	2.000000	1.000000
3	3.000000	1.000000	1.000000

図2・9　感度分析

　実はどのような問題を解いても，数理計画法の出力はこれだけだ．いってみれば碁の世界である．これに対して，統計はさまざまな出力が出され，将棋の世界だ．

(2) 減少費用

　この例題では，x と y は1と2で最適解になる．すなわち0でない．このような決定変数を基底変数あるいは基底解という．これに対して，決定変数が0になることもある．この場合，非基底解という．そして，非基底解は一般に正の減少費用をもつ．減少費用は，基底解でない0になる決定変数（非基底解）を1単位無理やりに解に取り入れた場合に，目的関数の値が悪くなる値だ．いま求められた解は最適解であるので，解にならなかった決定変数を何らかの都合で0から1にすれば，目的関数が悪くなるのは当然だ．このような小さな例題では，見通しがよい反面，減少費用が正になるものが現れないので注意すべきだ．

(3) スラック変数と双対価格

　スラック変数（SLACK OR SURPLUS欄）は，制約条件に最適解を代入し，どれだけ余裕があるかを表している．実際に計算してみると，

　　　$2*1+2 \leq 4$
　　　$1+\ \ 2\ \ \leq 3$

なので，両方の制約式のスラック変数は0になる．すなわち，両方の不等式制約とも余裕がなく，等式が成り立っている．

　双対価格は，スラック変数が0の制約式の右辺定数項を1単位増やすと，実行可能領域が広がるので，どれだけ目的関数の値が改善されるかを示す．制約条件をゆるめれば，解はそのままか改善されることは直感的にわかるだろう．すなわち，1番目の制約式の右辺定数項4を5に増やせば，目的関数は4（$=3.5+0.5$）に改善される．同じく，2番目の右辺定数の3を4にすれば，目的関数は4に改善される．

【注】一方，制約条件が $2x+y \geq 4$ のように不等号が逆向きであれば，サープラスといわれる．この場合，右辺の値を1増やして5にすると実行可能領域が狭まり，目的関数の値は悪くなる．逆に1減らし3にすると実行可能領域が広がり目的関数の値は改善される．数理計画法ソフトでは，これらの約束事はソフトによって異なるので注意する必要がある．

問203　図1・6を参考に，双対価格を成蹊大学の入試問題で触れたような図で説明してみよう．

(4) 感度分析

感度分析は，基底解に含まれる決定変数の組み合わせを変えずに，目的関数の係数や右辺定数項をどれだけ変えることができるかを教えてくれる．目的関数の y の係数は 1 であるが，0.5 すなわち 1.5 まで増やしたり，0.25 すなわち 0.75 まで減らしたりできる．すなわち，0.75 から 1.5 の間であれば，x と y は基底解のままである．同じく x の係数は，1 から 2 の間であれば，基底解は変わらないことを教えてくれる．一方，1 番目の制約条件は，右辺定数を 3 から 6 の間であれば，基底解は変わらないことを教えてくれる．同じく，2 番目の制約条件の右辺定数は，2 から 4 の間であれば基底解は変わらない．

問204　図 1・6 を参考に，感度分析の説明を成蹊大学の入試問題で触れたような図で説明しよう．

(5) 出力情報

数理計画法の出力情報は，どのような問題であってもこれだけである．中には，不思議なことに，最適解と目的関数の値しかださない不精なプログラムも多い．また，意味不明な多くの数値を吐き出す資源浪費型のものもある．

このとき少し条件を変えたらどうなるかが，減少費用，双対価格，感度分析でわかる点が重要だ．

2・5　絵で考える

(1) 双対価格の絵解き

さて，双対価格の意味を絵でもって考えてみよう．制約条件 1 の右辺定数項を 1 増やすことは，図 2・10 の A 点を通る波線を A′ 点を通る実線まで平行移動することだ．これに対して，目的関数も平行移動してやればよい．これで最適解も B′ ($x=2$, $y=1$) になり，目的関数の値は 4 になる．目的関数は，0.5 だけ増えた．これが双対価格の意味である．

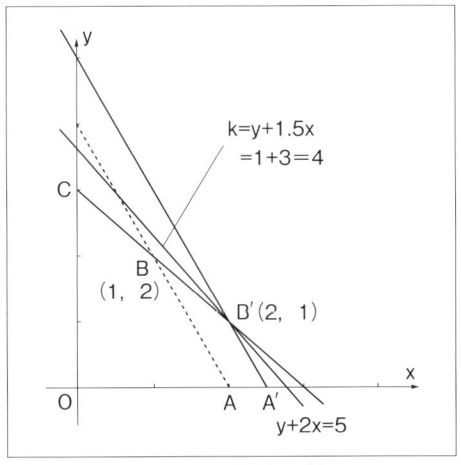

図 2・10 双対価格の絵解き

問205 読者は，2番目の制約条件の双対価格 0.5 についても，絵でもって考えてみよう．

(2) 感度分析の絵解き

目的関数 y の係数は，0.75 から 1.5 の間であれば基底解が変わらない．元の係数が 1 の場合が絵に書き込んである．例えば，係数を 1 から 1.5 にすれば，目的関数は，$(1.5x+1.5y)$ になる．これは，制約条件 3 の $(x+y<=3)$ と同じ傾きになる．このとき注意すべきは，最適解の B 点は，係数が 1.5 になったとたん，(0, 3) と (1, 2) すなわち C 点と B 点の間の区間すべてが最適解になることだ．そして，1.5 以上になると点 C が最適解になり，$x=0$, $y=3$ で基底解は y だけになる．単体法は O から C に移った段階で終了する．OA よりも OC の方が，この場合は急勾配になることを確認しよう．逆に，y の係数を 0.75 にすると，制約条件 1 の傾きと等しくなることを意味する．解は，(1, 2) と (2, 0) すなわち B 点と A 点の間の区間すべてになる．さらに 0.75 以下になると，点 A が最適解になり，$x=2$, $y=0$ すなわち x だけが基底解になる．単体法は，O から A へいって終了する．

(3) 減少費用の絵解き

減少費用を説明するには，xかyのいずれかが0になる状況が必要だ．例えば，図2・11のように，目的関数を点Cに固定し，傾きは①の範囲で選べばよい．目的関数を$(0.5x+y)$にしてみよう．最適解はC点で，目的関数の値は3になる．yだけが基底解である．

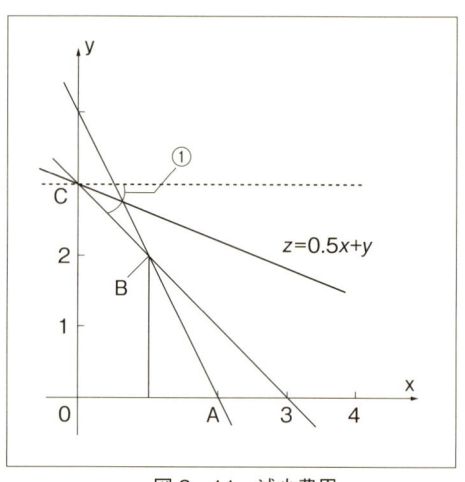

図2・11 減少費用

これを，LINGOで確認してみると図2・12の出力が得られる．xを強制的に1単位増やすと減少費用は0.5で，目的関数は3から2.5と悪くなるらしい．これは，図2・11で$x=1$を書き込むと，実行可能領域が$0 \leq y \leq 2$の線分に縮小するためだ．最適解は，C点からB点に移動する．最適解は，$0.5*1+2=2.5$となり，0.5だけ悪くなる．

```
MODEL:
MAX=0.5*x+y;
2*x+y<=4;
x+y<=3;
END
```

```
Global optimal solution found.
Objective value:                                      3.000000
Infeasibilities:                                      0.000000
Total solver iterations:              2
                    Variable         Value           Reduced Cost
                       X            0.000000           0.5000000
                       Y            3.000000           0.000000
                      Row       Slack or Surplus       Dual Price
                       1            3.000000           1.000000
                       2            1.000000           0.000000
                       3            0.000000           1.000000
Ranges in which the basis is unchanged:
                                Objective Coefficient Ranges
         Current           Allowable        Allowable
        Variable          Coefficient        Increase           Decrease
           X              0.5000000         0.5000000           INFINITY
           Y              1.000000          INFINITY            0.5000000
                                                        Righthand Side Ranges
          Row             Current           Allowable          Allowable
          RHS             Increase          Decrease
           2              4.000000          INFINITY            1.000000
           3              3.000000          1.000000            3.000000
```

図2・12　LINGOの出力（LIONGO202.lg4）

2・6　数理計画法の解の分類

今まで，最適解がある場合だけを考えてきた．ほかにどんな場合があるだろうか．図2・13が，解の分類を示している．

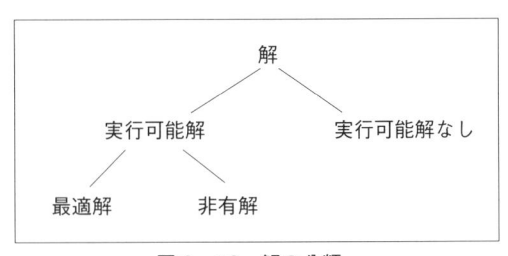

図2・13　解の分類

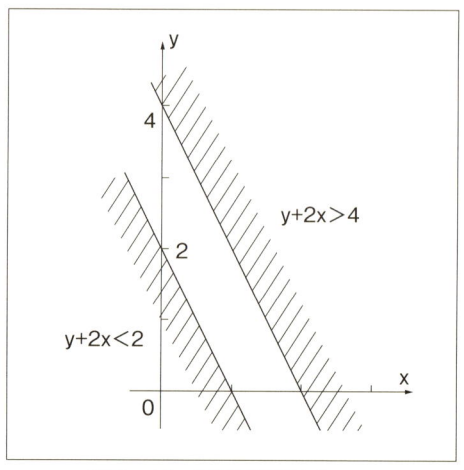

図2・14 実行可能解なし

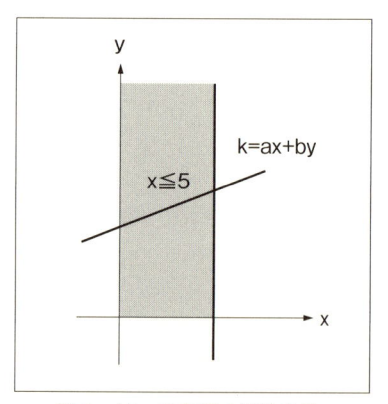

図2・15 非有界の制約条件

　すなわち実行可能解がある場合とない場合に分かれる．実行可能解がない場合は，図2・14に示すように，制約条件に共通集合すなわち実行可能領域がない場合である．実際の問題では，考える条件を厳しくしすぎたり，符号を間違ったりしている場合が多い．実行可能解がある場合でも，図2・15のように制約条件に押さえがない場合は，解が無限に良くなる．これを非有界という．

3 魔法の学問による問題解決学の新時代

　本書は，第2世代の数理計画法ソフト What's Best! と LINGO を用いて，実践的な「問題解決学」を学ぶことを目的としている．本書は What's Best! の解説書であるが，CD-ROM に格納されている数多くの雛形モデルを利用できる知識を提供することに力点を置いている．

　CD-ROM には，数多くの雛形モデルの他，LINGO の汎用モデルの解説書『魔法の学問による問題解決学』，What's Best! と LINGO の期間無期限の評価版ソフトとマニュアルを収録している．これらを有効に活用すれば，比較的容易に問題解決力を身につけることができる．

3・1　新時代の幕開け

　数理計画法ソフトウェアは，「制約条件付きの関数の最大・最小値」を求めてくれる．すなわち，従来の伝統的な数理計画法問題に限らず物理，化学，工学，農学，経済学などで，関数や連立不等式などの最適解を求めたい分野のすべてが対象になる．

　私は，統計，数理計画法，数学などの理数系の学問は，「素人から専門家までが使い易く，専門家が必要とする機能を備えている世界的に評価の高いソフト」を使い，1) 大学ではこれらの学問を問題解決学の一般教養として普及させたいと思っている．2) また，多くの産業で最後の数%の経営改善を行ってほしいと思っている．特に，DEA と PERT は，どの企業でも利用できる方法である．これらは LINGO の解説書を参考にしてほしい．

3・1・1　第1世代の思い出

　しかし，これまで数理計画法のソフト開発は統計ソフトなどに比べ次のような難しい問題があった．
1) 数理計画法のソフトは，計算法の違いにより，易しいものから難しいものの

順に並べるとLP，QP，IP，NLPに分類される．これらはそれぞれ異なった問題を抱えており，ユーザーが手法の違いを意識することなく使えるようになったのは，恐らく2000年以降である．

2）数理計画法のモデルは最初にそれを発見することは才能に恵まれた一部の人に負う必要がある．たまたまそれが経済学の領域であれば，ポートフォリオ分析や投入産出モデルのようにノーベル経済学賞が取れる．しかし，それ以外にも良くこんなモデルを考えたなと思うものが数多くある．そして，これらの人類の英知を数理計画法の雛形（Template）モデルとして分類し，整理すれば，多くの人がその成果をすぐに利用できるというのが，Linus Schrage（ライナス・シュラージ）教授の基本思想である．

3）雛形モデルを勉強すれば，数理計画法で解決できる問題の範囲が広がる．しかし，数理計画法の第1世代のLINDOやGINOでは，いざ現実の大規模な問題に取り組もうと思うと，大変であった．某写真メーカーは本社工場とオランダの子会社で稼動する生産管理システムをLINDOで開発した．その企業はVAX上で稼動するCOBOLでLINDOのモデルを生成するシステムを開発したと聞いている．私が実際に関係した某製鉄会社の24時間稼動の整数計画法による10分間隔の原料ヤードの操業システムでは，LINDOのモデルをCで生成し，LINDOで実行し，その結果をCで画面に表示し，次の計画を作成するというシステム開発を受けた．しかし，当時私は部長をしており数多くの部下がいたにもかかわらず，数理計画法に関心がなく，一人東京から離れた環境でプログラム開発するSEを社内で決めるのに難渋した．

しかし，成功例もある．

4）私がかつて勤めていた会社の他部門が，某電力メーカーからFortranで開発された数理計画法を用いた管理システムの再開発を受けたが，ドキュメントがなく，プログラマーが線形計画法の計算法を解析できず火を噴いていた．担当の部長から難渋しているが対策はないかという相談を受けた．そこでユーザーにお願いして，線形計画法の部分はLINDOに置き換えてFortranでインターフェイスを作るということで了解してもらい，無事納品できた．

5）私が企業にいた時代で一番大きな商談は，今は東京三菱UFJ信託銀行に統合された東洋信託銀行への投資分析システムの商談である．投資分析部門に汎用機のIBMを入れるのは採算性が良くないので，当時世界第2位のコンピュータメーカーであるDEC（当時）の最上位機種のVAXと，日経NEEDSなどの

債券や株式のデータを管理するシステムの ORACLE と，分析のための統計ソフトの SAS と LINDO 一式を納品した．金額が数億円の規模なので，他社製品に比べて廉価であるが，VAX で稼動する最上位版の数百万円する GINO を無料で提供した．しかし，今日では LINGO の評価版よりも機能が低いものである．

以上の話は，LINDO Systems Inc. の製品でいえば，LINDO や GINO という現在では開発を停止している第1世代の数理計画法ソフトによる苦労話である．しかし，以下は第2世代の数理計画法ソフトでの話である．

6) 某石油精製メーカーでは，IBM の汎用機で業界標準であった MPSX でシステムを構築していた．先方の責任者が数理計画法を熟知しているので，システムを PC 上の What's Best! で簡単に再構築してしまった．これによって情報処理費用の削減と，意思決定を PC で行い他の事務職にもより身近なものにできた．

3・1・2 南山大学のプロジェクト N

大学で，積極的に役立つ数理計画法モデルを開発し，実際の問題解決に当たっておられる例として，南山大学のプロジェクト N の業績が上げられる．以下は，プロジェクトの中核メンバーである，鈴木敦夫教授による簡単な紹介文である．

南山大学ではプロジェクト N という業務改善チームを作成し，数理計画法を用いて成果を挙げている．プロジェクト N が取り組んだ問題は，入試監督自動割当システムの作成，図書館での学術雑誌の削減問題，インターンシップ報告会のスケジューリング問題などである．

入試監督の割当問題は，南山大学の入学試験で試験室に試験監督者を割当る問題である．入学受験者数は約 15,000 人，6日間にわたって，約 40 室の試験室で入学試験は行われている．数理計画法を用いた自動割当システムを作成するまでは，担当者が3日間かけて作成していた．試験監督者の割当は，受験者数が決定してから入学試験の実施までの短い期間に行わなければならず，担当者の大きな負担になっていた．2004年度入試から，問題を数理計画法の問題として定式化し，What's Best! を用いてシステムを構築した．その後，システムは改善され，2008年度にはデータの準備から帳票類の作成まで約15分でできるようになっている．

図書館での学術雑誌の削減問題は，図書館の予算削減にともなって，学術雑誌の購入を停止する問題である．問題は，学術雑誌の主な利用者である教員の理解を得る枠組みを作ることである．プロジェクト N では，数理計画法の問題とし

てこの問題を定式化し，教員に説明して納得してもらうことに成功した．実際には Excel のソルバーを用いて購入を停止する雑誌を決定した．

インターンシップ報告会は，学生がインターンシップでの成果を報告する会である．担当者は，学生の報告日程，時間，会場を決定しなくてはならない．インターンシップに参加する学生は年々増加し，2007 年度は約 150 名であった．担当者は，2006 年度までは手動でこのスケジューリングを行っていたが，作成には 1 日かかっていた．プロジェクト N ではこの問題を数理計画法として定式化し，What's Best! を用いてシステムを作成した．その結果，約 10 分でスケジュールを作成できるようになった．

以上の実績が広く中部圏で知られ，鈴木教授の下には産業界からの相談も増えているとのことである．「先ず隗より始めよ」という問題解決学のお手本である．

3・2 数理計画法ソフトの世代交代

(1) 第 1 世代の数理計画法ソフト ─ LINDO と GINO ─

LINDO Systems Inc. の製品でいえば，LINDO や GINO（や VINO）は，開発を中止した第 1 世代の数理計画法ソフトである．一方，私自身は，統計ソフトの SAS をいち早く日本に紹介し，その後 PC で稼動する SPSS や JMP を紹介し，それらを用いて大学で実際のデータを分析する技術を教えている．ここ 10 年間，学生が社会に出て分析したいデータを分析する能力を授業で教育してきたと自負している．しかし，LINDO や GINO を用いて教育しても，悩ましい問題があった．それは，例の大規模問題を開発する際，プログラミングが必要なことである．

また，LINDO は Linear Interactive and Discrete Optimizer の名が示すとおり，LP，QP，IP をわかりやすい自然表記でモデル化するソフトウェアである．GINO は General Interactive Optimize の略であるが，NLP 専用のソフトウェアである．

すなわち，数理計画法で必要とされる手法が第 1 世代では統合されていなかった．また，IP では扱えるモデルの規模が小さく時間がかかった．一方，NLP では，局所最適解を求めるが，それから実際の最大値や最小値を得る大域的最適解の探索機能が弱かった．特に，実行可能領域が非凸で整数変数を含む場合，ほぼお手

上げであった．

(2) 第2世代の数理計画法ソフト ── What's Best!，LINGO，LINDO API ──

そこに，LINDO Systems Inc. の第 2 世代の製品である What's Best! や LINGO や LINDO API が開発された．第 2 世代製品は，LP，QP，IP，NLP がすべて統合され，ユーザーは解法を意識することなくモデルを作成し実行できる．

また，整数計画法に関しかなり大規模なものの計算速度が著しく改善された．そして，NLP において非凸領域で整数変数を含むモデルが解けるようになり，また大域的最適解が保障されるようになった．

What's Best! は，PC Magazine の Technical Excellence を受賞している Excel 上で稼動する最強の数理計画法ソフトである．自分の解決したい問題の雛型モデルを見つけ，決定変数や制約式の入ったセルをコピーすることで，大規模モデルに容易に拡張できる．Excel は PC ユーザーのほぼ全員が所有し使えるソフトである．What's Best! は Excel をプラットフォームに利用していること，分析結果が Excel のシートとしてそのまま使えること，可視性に優れている，などの利点がある．私も 1998 年に整数計画法を用いて判別関数の研究を開始するに当って，What's Best! を用いることにした（新村〔2007〕）．

2007 年の 12 月まで研究に没頭するあまり，2000 年以降の数理計画法の革新に気づいていなかった．特に，LINGO の変貌に気づいていなかった．LINGO は LINDO と同じく，

1 ）わかりやすい自然表記でモデルを記述できる．
2 ）集合を定義して，それらによって 1 次元から多次元の配列が自由に扱える．これらは 2000 年以前でもできたが，機能レベルが低くそれほどインパクトを受けなかった．しかし，2007 年の 12 月に雛形モデルの中に LOOPDEA（汎用 DEA）と LOOPTSP（汎用 TSP）などのモデルがありビックリした．
3 ）複数の配列を集合として管理しそれに DATA 節で値を定義できる．この DATA 節で，OLE（Object Linkage）技術で，Excel や DBMS からデータを呼ぶことができる．これによって，モデルは現実問題の違いの影響を受けず汎用モデルにできる．すなわち，大学で汎用モデルを教えれば，それが企業の大規模モデルにもすぐに適用できる．
4 ）私が驚いた LOOPDEA や LOOPTSP は，さらに複数の数理計画法モデルを SUBMODEL 節で定義し，それを CALC 節で自由に制御できる点である．

LINDO API は，LINDO の名前を用いているが，第 2 世代の LINGO や What's Best! の開発に用いているライブラリーを開発用に公開したものだ．大規模な TSP 問題は，LINGO などの汎用ソフトでは計算速度に問題が生じてくる．この場合，LINGO でモデルを開発し，テストした後，LINDO API で開発を行えばよい．LINGO で事前に開発したいシステムをプロトタイピングすれば，開発の失敗を減らし，全体の工数を削減できる．さらに重要な点は，Web 上で稼動する最適化システムを構築できることである．日本では現場の責任者が「感ピュータ」で要員配置を決めたり，本人の個人的な努力と采配で何とか行ったりしている．このため，日本の企業で要員計画を使いましょうといってもなかなか普及しないと思う．しかし多国籍で事業を展開する場合，むらのある個人の力量でなく，公平な Web による要員配置計画が必要になってくるのではないかと思う．

3・3　LINGO による自然表記によるモデル記述

本書は，Excel のアドインである What's Best! で実践的な問題解決能力を寛容するための入門書である．Excel は使い慣れた人であれば分かりやすい．しかし，数理計画法そのものを知らない人にも使ってもらおうと思うと，セルの後ろに隠れた数理計画法モデルの数式はわかりにくいものだ．そこで，はじめに LINGO の自然表記なモデル記述で説明し，その知識でセルの裏に隠れたモデルの構造を理解してもらうことにした．

次の左のモデルが 2 章までで用いてきた数理計画法モデルである．右が LINGO による自然表記である．

$\text{MAX } 2x+3y$ MODEL:
ST $\text{MAX}=2*x+3*y;$
$x \leq 5$ $x<=5;$
$x+y \leq 10$ $x+y<=10;$
$x+2y \leq 16$ $x+2*y<=16;$
$x \geq 10,\ y \geq 0$ END

主な違いは，1) MODEL: で始まり，END で終わる．2) 目的関数は MAX= あるいは MIN= とし，等号の右辺に目的関数を記述する．3) 式は加減（+，−）のほかに掛け算（*）や除算（/），べき乗（^）などで定義する．4) 式の終わり

はセミコロン（;）で区切る．
　これを実行すると次の結果が出力される（LINGO301.lg4）．
（基本部分）

```
Global optimal solution found.
Objective Value:                        26.00000
Infeasibilities:                        0.000000
Total solver iterations:                       3
        Variable           Value        Reduced Cost
               X        4.000000           0.000000
               Y        6.000000           0.000000
             Row  SLACK or Surplus       Dual Price
               1        26.00000           1.000000
               2        1.000000           0.000000
               3        0.000000           1.000000
               4        0.000000           1.000000
```

　決定変数 $X=4$，$Y=6$ で最大値 26 が求まった．減少費用（Reduced Cost）は，決定変数の値が 0 すなわち最適解に選ばれない場合，これを 0 から 1 単位無理やり解にいれた場合，最適解が悪くなる値を示す．このため，このモデルでは決定変数が正のため減少費用は 0 になっている．決定変数の値を制約条件に代入し，右辺定数項から左辺の値を引いたものがスラック（またはサープラス）変数の値である．ROW1 は目的関数を表し，制約式は 2）から番号がふられている．
2) $x=4 \leqq 5$;
3) $x+y=4+6=10 \leqq 10$;
4) $x+2y=4+2*6=16 \leqq 16$;
　右辺の定数項は，資源制約を表している．この在庫制約のもと，最適解を求めると左辺の値が使用される量である．①（右辺 － 左辺）の値がスラック変数の値である．未使用部品の数を表す．②もし不等号が逆向き（$x+2y \geqq 16;$）であれば，（左辺 － 右辺）の正の値は下限値から上に振れる値でありサープラス変数という．What's Best! では②の場合，現行版では（右辺 － 左辺）で計算し符号を － になるようにして，不等号の向きを表している．今後，LINGO と同じ表記にする必要がある．
　以下の感度分析は，LINDO や WB では出力されるが，LINGO ではオプションを選択しないと出力されない．大規模なモデルを複数回解くような場合を想定し，

計算負荷を軽くする意図であると考えている．

（感度分析）

```
RANGES IN WHICH THE BASIS IS UNCHANGED:
                    OBJ COEFFICIENT RANGES
  VARIABLE      CURRENT        ALLOWABLE       ALLOWABLE
                COEF           INCREASE        DECREASE
      X         2.000000       1.000000        0.500000
      Y         3.000000       1.000000        1.000000
                    RIGHT HAND SIDE RANGES
  ROW           CURRENT        ALLOWABLE       ALLOWABLE
                RHS            INCREASE        DECREASE
      2         5.000000       INFINITY        1.000000
      3        10.000000       0.500000        2.000000
      4        16.000000       4.000000        1.000000
```

図3・8　感度分析

3・4 本書の特徴

3・4・1 無償の評価版で実践力を

本書では，頁数が限られているので古典的な数理計画法の雛形モデルを用いて，
1) What's Best! でモデルの作成法を紹介する．そして CD-ROM に収録されている雛形モデルの構造を理解する能力を勉強する．
2) What's Best! の結果の解釈を勉強する．
3) What's Best のトラブルという入門者にとって一番難しい問題の対応法を示す．

　実践的な能力を得るために What's Best! を実際操作して理解することが重要である．このため，無料の評価版を用いることにする．

3・4・2　3段階の雛形モデルによる豊穣な数理計画法の世界への飛翔

　この評価版には，本書で紹介していない雛形モデルが含まれている．これらは，What's Best! の日本語マニュアルに解説してあるので，本書を読破した後，挑戦

3. 魔法の学問による問題解決学の新時代

してみてほしい．以下のより現代的で複雑なモデルが解説してある．

(1) 配合問題，(2) 確率制約条件つきの配合問題，(3) 製品の筐体設計，(4) フローネットワークモデル，(5) 債権ポートフォリオの最適化，(6) 私書箱の配置，(7) Markowitz のポートフォリオ問題，(8) ポートフォリオと手数料，(9) ポートフォリオ－可能損失額の最小化，(10) ポートフォリオ－状況モデル，(11) 季節要因を考慮した販売，(12) 指数平滑法，(13) 線形化オプション：工事費用の見積，(14) 層別サンプリング，(15) 車の価格，(16) 広告媒体の購入，(17) 多期間在庫管理，(18) プロダクト・ミックス，(19) ブロック法の構築，(20) 切断ロスの最小化，(21) 工場配置，(22) 要員スケジューリング，(23) 要員配置，(24) 人員計画（2段階固定交替），(25) パイプラインの最適化，(26) 輸送費用削減，(27) 交通渋滞費用の最小化，(28) トラックの詰め込み

更なる雛形モデルは，以下の 359 分野に整理した雛形モデルである．これらの中に解決したい問題があれば，CD に格納されているモデルを参考にすればよい．

Academia	Flexible Regression	Present Value
Acceptance Sampling	Forecasting	Pricing
Accounting	Foreign Exchange	Primal/Dual
Advanced Math	FTL Routing	Principal Components Analysis
Advertising	Game Theory	Probabilities
Aircraft Scheduling	GARCH	Probit
Airlines	General Equilibrium	Process Industry
Alphametics	Generalized Assignment	Product Management
Allocation	Geographic	Product Mix
Alternate Optima	Gerrymander	Production
Annuity	Global Optimizer	Production Planning

ARMA	Goal Programming	Production Scheduling
Assembly Line Balancing	Goodness-of-fit test	Programming
Asset-Liability Management	Gram-Schmidt Orthogonalization	Project Evaluation & Review Technique
Assignment	Heat Exchanger	Project Management
Assignment Model	Hedging	Project Selection
Assignment Problem	Hedging Portfolio	Puzzle
Assortment Planning	Heteroscedasticity	Q, R Model
Assymetric Regression	Hillier & Lieberman	QRAND Function
Auctions	Hodrick-Prescott filtering	Quadratic Assignment
Autoregressive	Home Mortgage	Quality Assurance
Average cost	Hub Network	Queens Problem
Banking	Hydro Electric	Queuing
Bass Model	Index Model	RailRoad Industry
Bayes	Input-Output Table	Random Number
Benchmarking	Insert AlLocation	RAS method
Benchmark Portfolio	Integer Programming	Recursion
Bimatrix Strategy	Interest Rate	Redundant Network
Binomial Option Pricing	Interior Point Method	Refinery
Binomial Options Pricing	Inventory	Regression
Bin Packing	Inventory Pre-Positioning	Remnant Inventory
Biproportional Matrix Adjustment	IS-LM	Reorder Point

3．魔法の学問による問題解決学の新時代

Black & Scholes	Job Sequencing	Reservoir Modeling
Black/Derman/Toy	Job Shop Scheduling	Resource Constraints
Blending	K Best Solutions	Revenue Management
Bond Bidding	Kendall Tau	Risk Free Asset
Bonds	Knapsack Model	Risk Free Rate
Box-Jenkins Modeling	L1 norm	Risk Management
Braess Paradox	Layout Planning	River System
Break Even Point	Learning Curve	Road Repair
Bundling	7 Absolute Deviations Estimation	Room Assignment
Business Cycle Forecasting	7 Maximum Deviations Regression	Room-Mate Matching
Callable Library	Leontief	Routing
CallBack Function	Lexico	Sales
Capital Budgeting	Linear Ordering	Sales Districting
Cardinality Constrained	Linear Programming	Sampling
Cash Management	Linear Regression	Scheduling
Censored data	Little s-big S	Scenario Method
Changeover Costs	Location	Scoring
Chemical Equilibrium	Lockbox Location	Semi-Variance
Chess	Log Gamma Function	Sequencing
Chi-square test	Logarithmic	Set Packing
Cholesky Factorization	Logistics	Shapley Value

Cluster Analysis	Lost Sales	Sharpe Ratio
Coal Blending	Lot Sizing	Shipping
Column Generation	Machine Repair Man	Shortest Path
Communications	Machine Sequencing	Shortest Route
Communications Industry	Magic Square	Simulation
Compactness	Mailing	Smooth Transition
Complementarity Constraints	Maintenance	Smoothing
Conditional Value at Risk	Marketing	Soduku
Congestion	Markov Chain Model	Sorting
Conjoint Analysis	Markov Decision Process	Spanning Tree
Connected Network	Markowitz	Sphere Packing
Connectedness	Matching	Sport Obermeyer
Construction Industry	Matching Portfolio	Stable Matching
Consumer Choice	Material Requirements Planning	Stackelberg Game
Cooperative Game	Matlab	Staff Scheduling
Correlation Coefficient	Max Flow	Statistic
Correlation Matrix	Maximum Likelihood Estimation	Statistics
Cost	Media Selection	Steel cutting
Course Scheduling	Min Cut	Steel Industry
Covariance Matching	Minimal Spanning Tree	Stochastic Optimization
Covering	Minimax Strategy	Stochastic Programming

3. 魔法の学問による問題解決学の新時代

CPM	Mining	Stock cutting
Crashing	Modify	Stocks
Credit scoring	Monte Carlo Analysis	Stratified Sampling
Critical Path Method	Moving Average	Sudoku
Cutting Stock	MPEC	Supply Chain
CVAR	Multi-Commodity Distribution	Supply Chain Design
Dam System	Multi-echelon	Tanker Scheduling
Data Envelopment Analysis	Multi-period	Tardiness
DC Location	Multinomial Logit	Task Assignment
DEA	Multiple Regression	Taxes
Dead Heading	Multivariate	Telecommunications
Decision Tree	Municipal Bonds	Territory Design
Decisionmaking Under Uncertainty	Music	Time Series
Demand Backlog	N Queens Problem	Timetabling
Derivatives	N-person game	Time Varying Parameters
Discriminant Analysis	Net Interest Cost	Tours
Distillation Column	Network	Traffic
Distribution	Network Design	Traffic Equilibrium
Districting	Network Flow	Traffic Light Synchronization
Downside Risk	New product diffusion	Transaction Costs
Dual Prices	Newsboy Problem	Transportation

Dynamic	NLP	Transportation Model
Dynamic Network	Non-parametric Statistic	Traveling Salesman
Dynamic Programming	NonLinear Regression	Tree
Econometrics	Oil Refining	Trend Forecasting
Economic	Option Pricing	Trucking
Economic Order Quantity	Options	True Interest Cost
Economics	Ordinal Regression	TSP
Efficient Frontier	Overbooking	Uncapacitated Location
Efficiency	Packing	Uncertainty
Electricity Generation	Pairing	Underwriting
Emergency	Paper Cutting	Unit Commitment
Enginola	Parametric Analysis	User-Defined Function
Equilibrium	Pareto Optimal	Utility Function
Evacuation	PCA	Value at Risk
Exponential Smoothing	PERT	Vector Autoregression
Facility Layout	Petroleum Industry	Vehicle Routing
Facility Location	Petroleum Refining	Visual Basic
Factor Analysis	Plant Location	Volatility Modeling
Factor Model	Poisson distribution	Wagner-Whitin
Factorial Function	Political Districting	Water Electricity Generation
Filtering	Pooling	Weighted Regression

Financial	Portfolio Selection	Weighted Tardiness
Financial Planning	Postponement	Yield Curve
Fleet Assignment	Precedence Constraints	Yield Management
Fleet Routing	Preemptive Goal Programming	

3・4・3 解説書とマニュアル

 CD-ROM には LINGO と What's Best! の古い版の日本語マニュアルがある．これらの中には雛形モデルの解説もある．

 本章は，What's Best! の解説書である．LINGO の汎用モデルを紹介した『魔法の学問による問題解決学』は，DEA やプロジェクト管理の PERT がすぐに使えるようになっている．DEA や PERT はどのような企業であっても，使える手法である．

(1) DEA を利用してホワイトカラーの活性化を図ろう

 企業の営業会議では，月次や四半期の営業データを元に，各部門の評価が行われていると思う．しかし，単純な営業利益や新規顧客獲得数などを個別に分析しても，会社全体の戦力アップにならないだろう．

 DEA は，米国の会計学と数理計画法の泰斗である Charnes と Cooper が提案した，複数の事業単位の効率性を比較し評価し，改善点を発見する手法である．『魔法の学問による問題解決学』の 9 章 (119 頁) では野球選手の年俸を評価している．また，「その他の資料」フォルダにある「5. 評価の科学」では，学生が企業の業績データと初任給の関係を調べ，統計レポートを書くために集めたデータである．私が 2008 年の 1 月に勉強をかね DEA の汎用モデルで最初に分析したものである．私自身も汎用モデルのおかげでようやく DEA で分析する機会に恵まれた．すなわち，これまで複数の事業体を繰り返し解くモデルの開発が面倒だったが，汎用モデルがあれば読者も Excel 上にデータを準備するだけで実行できる．

 DEA は，同じレベルにある事業主体，例えば支店，プロジェクト，融資先企業，コンピュータシステムなどの，効率性が分析できる．

仮に，A1からA100の100支店の効率性を評価したい．各支店の，社員数，使用する総支出，商圏の規模などの経営リソースを入力とし，利益や新規顧客獲得額などに代表される望ましい結果を出力と考え，これの比を上限1の範囲内で最大化する．これまでの評価手法と異なるのは，各支店に最適な重みを与えることである．支店A1を中心に考えれば，A1に最適な重みを考え，その重みを用いて他の99店も同時に評価するので100回LP問題を解くことになる．

A1支店の分析結果を例にすれば，1) A1が100店の中で一番効率的である（上限の1）．この場合は，A1を基準に他の支店がなぜ非効率か分析できる．2) A1を一番効率的に重み付けしたにもかかわらず，上限値1にならず例えば0.8になった場合．他の支店も0.8以下であれば，理想的な1になる支店を考え，そのための改善策を検討すればよい．3) 一方，支店A2が1になった場合，A1はA2と比べ改善点が何かを具体的に検討できる．

通常の企業の経営では，各財務データを個別に評価することが多い．DEAを用いると総合的に評価できること，具体的な他の事業体に比べて優劣が分かること，など問題点がより明らかになる．また，各事業体に一番有利な重み付けをするので，えこひいきであるという陰口を封じることができる．あるいは，面従腹背になりがちなホワイトカラーの意識改革ができる．

(2) PERTのすすめ

『魔法の学問による問題解決学』の7章のPERTは，プロジェクト管理手法である．戦後日本では大成建設などのゼネコンがプロジェクト管理に用い一部の産業界に普及している．米国では，政府の入札に義務付けられている．みずほ銀行や東京三菱UFJ銀行のように社内におけるコンピュータシステムの入れ替えプロジェクト，融資案件に日程管理の分析を義務付けて，チェックポイントごとに遅れを管理する，などが考えられる．

インターネット上では，ガント・チャートのような遅れた管理手法のフリーソフトがあふれているが，PERTが皆無なのは日本における教育の問題であろう．

4 意思決定に役立つ整数計画法

本章では，整数計画法（IP）を紹介する．章のタイトルを意思決定としたのは，IP が意思決定問題に特に有用な手段を提供してくれるためだ．高速な IP の計算法が開発されれば，人類は「哲学の石」を手に入れたようなものだと言われている．

IP は整数変数が多いと，簡単に LP と同じくらい短時間で解けるものがある反面，残念なことに何時計算が終了するか予測できないものもある．このような問題点は，一休さんのとんち問題に見られる「組合せの爆発」が原因している．この話は 1 日目には米 1 粒，2 日目には米 2 粒，3 日目にはその倍の 4 粒，というように褒美をもらうことにした．渡す方は，30 日目にそれが 2^{30}=1024＊1024＊1024 ≒ 1.0737＊10^9，すなわち約 11 億粒という膨大な値になるとも知らず，一休さんを無欲と勘違いする例の話である．

どのような問題が，LP と同じく簡単に解けるかを見極める方法は Schrage（1991）を参照．

4・1 なぜ整数計画法が必要か

LP の決定変数が非負の実数値であるのに対して，IP は 0/1 の 2 値をとる整数値や非負の一般整数値（0, 1, 2 …）に限定したい場合に利用される．意思決定の問題の多くは，Yes/NO や，する／しないなどの 2 値の選択肢問題になるものが多い．IP で扱う問題のほんの一部であるが，次のようなものがある．そのうち，インターネット・オークションなどで，売りと買いの組み合わせを求めるような現代的な応用例が日常的になるかもしれない．

(1) ナップザック問題

旅行に行く時，ナップザックやスーツケースに何を詰めていくか悩ましい問題である．容積か重さの制約がある場合，持って行くものをリストアップし，容積か重さとその重要性を調べる．そして，容積か重さの制約を満たす中で，重要度

の一番高い荷物の組合せの和を最大化すればよい．

この問題は，輸送に使われるコンテナに置き換えれば，産業の問題になる．

南山大学の鈴木敦夫教授は，大学の高額図書費が一部の教員に偏っていることの是正に用い，成果を挙げている．

(2) 大型あるいは高価な機械や設備の利用や生産

例えば自動車の生産台数を決定変数とする場合，200.1台のように端数がでても，それを200台と丸めてもそれほど大きな問題を生じない．これが，飛行機，大型の産業機械や製造設備であれば，端数を簡単に丸めることはできない．0.9だから1に，9.3だから9と単純に丸めたら良いというわけにはいかない．

この場合，決定変数を，一般整数変数に指定すればよい．

(3) 固定費（段取り費用）

ある製品xを作るには，図4・1のように，変動費hの他に，固定費（段取り費用）Cが必要になることが多い．このとき，この製品を作る／作らないを表す0/1型の整数変数yを用いて，次のように定式化する必要がある．

$\text{MIN} = C*y + h*x + \cdots\cdots$ ；

$\qquad x \leq u*y$ ；……… ただし，yは0/1型の整数変数．uはxの上限

yが0の場合，「$x \leq uy$」の制約条件からxも0になる．そして，目的関数の製品xに関する製造費用も0になる．yが1の場合，xは0からuの間にあり，製造費用は固定費と変動費の和（$C+hx$）になる．Uをできるだけ小さな上限に設定できれば，探索域を狭くでき，計算時間を短くできるので慎重に設定しよう．

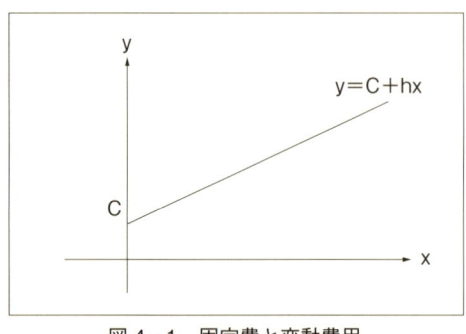

図4・1 固定費と変動費用

(4) 最小ロット・サイズ（バッチ・サイズ）

ある製品 x を製造する場合，最低でも L 以上のロットを製造しなければならないことが多い．この場合，x の製造の上限を U とし，この製品を作る作らないを表す 0/1 型の整数変数 y を用いて，次のように定式化する必要がある．
$x \leq U*y; x \geq L*y;$
y が 0 の場合，x は 0 になる．y が 1 の場合，x は L から U の範囲になる．

(5) 計画の採否

意思決定の多くは，ある代替案を（やる／やらない）や，（あれか／これか）という二者択一になるものが多い．例えば，機械の購入，工場の建設，工場や倉庫や店などの拠点の開設や閉鎖，資産の売却などである．これらは，0/1 型の整数計画問題として扱える．そして，これらの決定によって改善できる費用は一般に大きいので，数理計画法の中でも重要になる．

上の (4) と (5) は L.Schrage (1991) 参照．

(6) 巡回セールスマン問題

巡回セールスマン問題（Traveling Salesman Problem, TSP）は，ある都市から出発し複数の都市を一筆書きの要領で訪問し，元の都市に戻ってくる問題である．この問題は，回路設計や作業台から部品をとって製品に装着する場合の手順など産業応用上いろいろ応用できる．新村 (2008) の 5 章では，これを汎用で行うモデルを紹介している．

(7) 組み合わせ最適化

順序づけ，スケジューリング，巡回セールスマン問題，機械スケジューリング問題，遺伝アルゴリズム，ニューロといった組み合わせ最適化問題が扱える．私が研究している，誤分類数を最小化する最適判別関数もこのタイプになる．

4・2 分枝限定法

通常の整数計画法の解法は，いわゆる分枝限定法（Branch-and-Bound

Method, B & B 法）と呼ばれるものを採用している．これは，もっと平たく言えば，知的列挙法である．すなわち，すべての組み合わせを列挙するのでなく，一部のみの計算を行い，全体を計算したのと同じく最適解を得る賢い方法である．

(1) 考えるモデル

次の IP 問題を例として，分枝限定法の計算法を説明する．

```
MODEL:
  [_1] MAX= 5 * X1 + 4 * X2 + 3 * X3 + 6 * X4 ;
  [_2] 12 * X1 + 7 * X2 + 10 * X3 + 11 * X4 <= 19 ;
  [_3] 8 * X1 + 9 * X2 + 4 * X3 + 6 * X4 <= 15 ;
  @BIN ( X1) ; @BIN ( X2) ; @BIN ( X3) ; @BIN ( X4) ;
END
```

このモデルの END の前で指定した「@BIN (X1) ;」は，X1 を 0/1 の整数変数に指定している．この後，LINGO のメニューから [LINGO] - [Solve] でこれを解くと，次の図 4・2 の出力が求まる．すなわち，X2 と X4 が 1 で，X1 と X3 が 0 で，最大値は 10 になる．整数計画法を解く際の計算過程は，線形計画法がサブルーチンとして使用されているから双対価格や減少費用が出力に含まれている．しかし，これらの意味の解釈は複雑であるので，整数計画法の出力結果に現われる双対価格や減少費用は，一般的には無視すべきである．

```
Global optimal solution found.
Objective Value:                        10.00000
              Variable        Value        Reduced Cost
                    X1     0.000000           -5.000000
                    X2     1.000000           -4.000000
                    X3     0.000000           -3.000000
                    X4     1.000000           -6.000000
                   Row  SLACK or Surplus     Dual Price
                    _1     10.00000            1.000000
                    _2     1.000000            0.000000
                    _3     0.000000            0.000000
```

図 4・2　IP の出力（LINGO401.lg4）

(2) IP の計算過程を解き明かす

図4・4は，図4・2の整数解が探索された過程を示している．

まず，この問題を次のLPモデルとして，制約X1, X2, X3, X4 ≦ 1 のもとで解く．@BND (0,X1,1) は $0 \leq X1 \leq 1$ の制約を設定するコマンドである．このモデルの決定変数は，もともと0/1の2値しかとらない．そこで，LP問題に緩める場合でも，決定変数は0から1の実数に制限すればよい．

```
MODEL:
 [_1] MAX= 5 * X1 + 4 * X2 + 3 * X3 + 6 * X4 ;
 [_2] 12 * X1 + 7 * X2 + 10 * X3 + 11 * X4 <= 19 ;
 [_3] 8 * X1 + 9 * X2 + 4 * X3 + 6 * X4 <= 15 ;
 @BND ( 0, X1, 1 ); @BND ( 0, X2, 1 ); @BND ( 0, X3, 1 ); @BND ( 0, X4, 1 );
END
```

```
Global optimal solution found.
  Objective Value:                       10.25000
              Variable        Value        Reduced Cost
                    X1      0.1730769         0.000000
                    X2      0.8461538         0.000000
                    X3      0.000000          0.5000000
                    X4      1.000000         -1.750000
                  Row    SLACK or Surplus    Dual Price
                    _1      10.25000          1.000000
                    _2      0.000000          0.2500000
                    _3      0.000000          0.2500000
```

図4・3 最初のLP解（LINGO402. lg4）

これを解くと図4・3が得られる．すなわち，X1=0.173077，X2=0.846154，X3=0，X4=1で最大値が10.25になった．

この解の決定変数の値と目的関数の値は，図4・4のラベル①の枠内に示す．一番上の数字は目的関数の値を示す．横線で区切った下は，LP解の決定変数の値を表す．4個の変数のうち，0と1以外の値を持つ変数のうち，1に一番近いX2に注目する．この変数の最適解は，最終的には0か1のいずれかになる．そこで，X2=1と0に固定した2つの部分問題を考え，それらを⑮と②で表す．例

えば，⑮の問題は次のように X2＝1 を制約に加えて解けばよい．

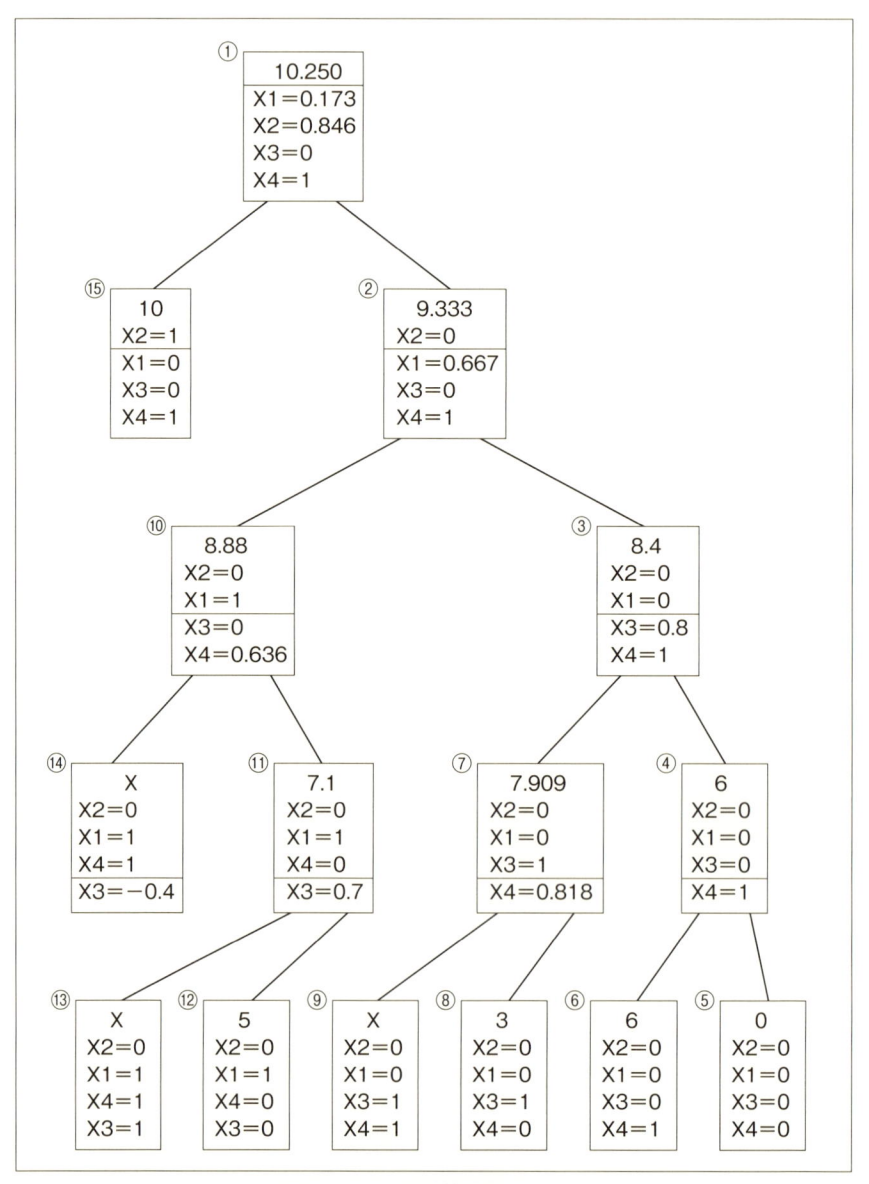

```
                        ① 10.250
                           X1=0.173
                           X2=0.846
                           X3=0
                           X4=1
              ┌─────────────┴─────────────┐
         ⑮ 10                        ② 9.333
            X2=1                        X2=0
            X1=0                        X1=0.667
            X3=0                        X3=0
            X4=1                        X4=1
                              ┌──────────┴──────────┐
                        ⑩ 8.88                   ③ 8.4
                           X2=0                     X2=0
                           X1=1                     X1=0
                           X3=0                     X3=0.8
                           X4=0.636                 X4=1
                    ┌────────┴────────┐      ┌──────┴──────┐
               ⑭ X            ⑪ 7.1      ⑦ 7.909      ④ 6
                  X2=0           X2=0       X2=0         X2=0
                  X1=1           X1=1       X1=0         X1=0
                  X4=1           X4=0       X3=1         X3=0
                  X3=−0.4        X3=0.7     X4=0.818     X4=1
              ┌─────┴─────┐   ┌──┴──┐   ┌──┴──┐   ┌──┴──┐
           ⑬ X       ⑫ 5   ⑨ X   ⑧ 3   ⑥ 6   ⑤ 0
              X2=0      X2=0  X2=0  X2=0  X2=0  X2=0
              X1=1      X1=1  X1=0  X1=0  X1=0  X1=0
              X4=1      X4=0  X3=1  X3=1  X3=0  X3=0
              X3=1      X3=0  X4=1  X4=0  X4=1  X4=0
```

図 4・4　IP の計算過程

4. 意思決定に役立つ整数計画法

```
MODEL:
  [_1] MAX= 5 * X1 + 4 * X2 + 3 * X3 + 6 * X4 ;
  [_2] 12 * X1 + 7 * X2 + 10 * X3 + 11 * X4 <= 19 ;
  [_3] 8 * X1 + 9 * X2 + 4 * X3 + 6 * X4 <= 15 ;
  [_4] X2=1 ;
  @BND ( 0, X1, 1) ; @BND ( 0, X3, 1) ; @BND ( 0, X4, 1) ;
END
```

そして，図4・5の出力が得られる．図4・4の⑮の枠に，最大値は10で，X2は1に固定してあるので，その下に表記してあるX1=0，X3=0，X4=1は，LPの解として自然に整数になったので横線の下に表してある．

```
Global optimal solution found.
Objective Value:                          10.00000
                 Variable         Value         Reduced Cost
                       X1       0.000000            1.000000
                       X2       1.000000            0.000000
                       X3       0.000000            0.000000
                       X4       1.000000           -1.500000
                      Row   SLACK or Surplus      Dual Price
                       _1      10.00000             1.000000
                       _2       1.000000            0.000000
                       _3       0.000000            0.7500000
                       _4       0.000000           -2.7500000
```

図4・5　⑮の出力（LINGO403.lg4）

⑫はX2を0にして解いたLP解である．X1=0.667，X3=0，X4=1で，目的関数の値は9.333になる．

そして，⑫の問題からさらに0か1にならない他の決定変数の値を強制的に0か1に設定し，⑫の部分問題からさらに枝分かれ状に部分問題に分枝して，すべての変数が0か1になるまで分岐を続ける．すなわち，整数変数がp個あれば，最悪の場合は2^p個のすべての部分モデルを考えて，その中から最大の整数解を探索することになる．一休さんのとんち問題で見たように，整数変数が30個あるだけで，11億以上の部分問題ができる．分枝限定法は，総当り法ですべての部分問題を計算することなく，いかに少ない計算で最適解を得るか興味深い手法である．

分枝限定法の分枝は，①の問題を⑮と②の2つの部分問題に分けることを意味する．そして①の後⑮を評価して整数解が得られたので，⑮の下をさらに分枝し部分問題を探索することは停止する．この後，②の値が9.333と⑮の10より小さいので②の下を探索することなく，ここで停止する．これが限定（Bound）の意味である．

問401 なぜ，⑮と②の下の分枝を調べる必要がないのであろうか？また，⑮と②を比較することで，⑮が最適解と分かるのだろうか？

(3) さすが賢い

その答えは簡単である．数理計画法では，モデルの条件を厳しくすると，実行可能領域が狭まり解は必ず悪くなるからである．最大問題では，整数解が得られると，その下に分岐するモデルを調べる必要がないわけだ．なぜなら，分岐していくと，制約条件がより厳しくなり，目的関数の値は必ず小さくなる．その中にたとえ整数解があったとしても，今得られている整数解より必ず小さいことがわかる．また，他の部分問題のLP解（②）がこの整数解（⑮）より悪ければ，同じ理由で調べる必要はない．

(4) 分枝限定法の謎に迫る

このままでは，分枝限定法の説明に困るので，探索の順序を効率の悪いように選んで，②から⑮の順に振った．すなわち，①が分岐し2つの部分問題の⑮と②に分かれた．両方を同時に調べることができないので運悪く，⑮は保留し②を先に調べることにする．$X1=0.667$，$X3=0$，$X4=1$であるので，X2の次に整数解でないX1を0と1に固定した部分問題を考える．その解は③と⑩であるが，⑩は保留するというまずい選択をし効率の悪い③を解いた．そして，目的関数が8.4のLP解が求まった．次に，$X3=0.8$なので，X3を0と1で分岐した部分問題④と⑦の内，⑦を保留し④を先に解いた．すると，$X2=0$，$X1=0$，$X3=0$に固定し，LP解として④の$X4=1$の整数解が求まった．最大値は6である．本来であれば，この後分岐する必要はない．ただし，まだ固定されていないX4を0と1に固定した部分問題の⑤と⑥は，最大値が0と6であり，④より小さいか等しいことが確認できる．

子の部分問題の値は親の部分問題の値より必ず悪くなるので，いったん整数解が求まると，これ以降はこの解が限定的に働く．整数解が求まると，それより下にある子のモデルの目的関数の値は必ず悪くなり，最大値の 6 より小さい部分モデルの下にある子の部分モデル⑤と⑥を探索する必要がなくなる．これが⑮で整数解が得られたら，それより下の部分問題を探索する必要がない理由でもある．

④で整数解が求まった後，今まで保留していた⑦の LP 解を調べると 7.909 である．この下の部分問題に，6 より大きい整数解があるかもしれない．このため，X4 を 0 と 1 に固定した部分問題⑧と⑨を調べる．⑧で整数解が求まったが，目的関数の値は 3 と小さい．⑨は，実行可能解がないので目的関数値の欄は「×」で表してある．

次に，⑩の部分問題を評価すると LP 解として最大値 8.818 が得られた．この値は 6 より大きいので，さらに分岐の必要がある．⑪で LP 解として 7.1 が求まったので，さらに分岐して⑫と⑬で整数解の 5 と実行可能解がないことが分かった．さらに，⑩の部分問題で評価していない⑭を調べると，実行可能解がないことがわかった．

最後に，①の部分問題で残っていた⑮を調べると，最大値が 10 の整数解が得られた．X1, X3, X4 は自然に整数解になったので，この下に分岐する必要がなく，ここで停止する．

以上が，整数計画法の計算法である分枝限定法の概要である．探索する順序によって計算時間が異なってくることも理解してもらえたと思う．最初に⑮のように最適な整数解が偶然得られると，⑮の下にある部分モデルの探索の必要はないし，②の目的関数の値が 9.333 なので，その下の部分モデルに例え整数解が幾つあったとしても 9 以下であるので探索する必要がない．

すなわち，問題の種類によって，同じ問題でも探索方向の違いによって，著しく計算時間が異なってくる．

(5) 分枝限定法は頑強である

整数計画法のアルゴリズムの研究者の中には，分枝限定法を重要視しない人もいる．しかし，少なくとも LINDO 製品では次のような高速化の試みを行っている．

1) 探索の順によって計算速度が著しく異なることは前の説明でわかってもらえたと思う．この最適な探索順の決定をプログラムで自動化している．

2) モデルを分析し，不要な探索領域を自動的に狭めている．
3) ユーザーが，経験的な目的関数値を設定しそれ以上の整数解を探索する．
4) 0.01 のような値を与えると現在の整数解の 1% 以上良いものだけを探索する．最適解として最大値 100 が得られたとする．この場合，100 より大きく 101 未満に真の最適解がある可能性がある．

以上のオプションをうまく使えば，さらに高速化できる．

4・3　発想の転換

上で分枝限定法の計算法の説明に用いた例は，実際にはどのように利用できるのだろうか．少し熟慮して考えついたのが次の応用例である．

(1) 生産計画問題

機械 Y と Z を使って 3 つの製品 A，B，C を作る次の生産計画問題を考えよう．

製品 A を 1 単位作るには，Y と Z をそれぞれ 12 時間と 8 時間稼動させることが必要だ．そして，5 万円の利益が得られる．製品 B を 1 単位作るには，Y と Z をそれぞれ 7 時間と 9 時間稼動させることが必要で，4 万円の利益が得られる．製品 C を 1 単位作るには，Y と Z をそれぞれ 10 時間と 4 時間稼動させることが必要で，3 万円の利益がえられる．ただし，Y は週 50 時間，Z は 30 時間しか利用できない．このような制約の中で，製品 A，B，C をどれだけ作れば利益が最大になるだろうか．製品 A，B，C を作る量を A，B，C とすると，モデル式は次のようになる．

```
MODEL:
  [_1] MAX= 5 * A + 4 * B + 3 * C ;
  [_2] 12 * A + 7 * B + 10 * C <= 50 ;
  [_3] 8 * A + 9 * B + 4 * C <= 30 ;
END
```

これをまず LP 問題として解いてみよう．結果は，図 4・6 の通りだ．A は 3.125，C は 1.25 で，目的関数は 19.3750 になる．

```
Global optimal solution found.
  Objective value:                          19.37500
  Infeasibilities:                          0.000000
  Total solver iterations:                         3
            Variable          Value        Reduced Cost
                   A       3.125000            0.000000
                   B       0.000000            0.8125000
                   C       1.250000            0.000000
                 Row   Slack or Surplus       Dual Price
                  _1       19.37500            1.000000
                  _2       0.000000            0.1250000
                  _3       0.000000            0.4375000
```

図4・6　LP解（LINGO0404.lg4）

実数解を四捨五入して，A=3，B=0，C=1 とすると，目的関数は18になる．この問題は，@GIN コマンドを用いて3個の A，B，C を一般整数変数（General Integer）として解く必要がある．

```
MODEL:
  [_1] MAX= 5 * A + 4 * B + 3 * C ;
  [_2] 12 * A + 7 * B + 10 * C <= 50 ;
  [_3] 8 * A + 9 * B + 4 * C <= 30 ;
  @GIN ( A ) ; @GIN ( B ) ; @GIN ( C ) ;
END
```

結果は，図4・7の通りだ．A=1，B=1，C=3 で目的関数の値は18であるが，決定変数の値が異なった解が得られた．丸め解が最適解になったのは，単なるラッキーである．

```
Global optimal solution found.
  Objective value:                          18.00000
  Objective bound:                          18.00000
  Infeasibilities:                          0.000000
  Extended solver steps:                           0
  Total solver iterations:                         0
            Variable          Value        Reduced Cost
                   A       1.000000           -5.000000
```

B	1.000000	-4.000000
C	3.000000	-3.000000
Row	Slack or Surplus	Dual Price
_1	18.00000	1.000000
_2	1.000000	0.000000
_3	1.000000	0.000000

図4・7　一般整数解（LINGO405.lg4）

(2) 機械の増設の決定

さて，この会社では次のような増産計画を考えている．機械Yの能力を10か20増やす．この費用は，50と80である．また，機械Zを5か10増やす．この費用が40か70である．そして，投資費用の上限は120とする．

機械Yの能力を10か20に増やすか否かを決める決定変数として0/1型のY1とY2を次のように決める．

$Y1 = \begin{cases} 1 \cdots\cdots\cdots Y を10に増やす（費用50）\\ 0 \cdots\cdots\cdots Y を10に増やさない \end{cases}$

$Y2 = \begin{cases} 1 \cdots\cdots\cdots Y を20に増やす（費用80）\\ 0 \cdots\cdots\cdots Y を20に増やさない \end{cases}$

同様にして，Z1とZ2を定義する．

このとき，Yの週あたりの使用可能時間は，$50+10Y1+20Y2$ になる．同様に，機械Zについても，Z1とZ2を考えると，週あたりの使用可能時間は $30+5Z1+10Z2$ になる．しかし，Y1とY2，Z1とZ2のいずれか一つしか選ばないので，次の制約をつける．

$Y1 + Y2 \leq 1$

$Z1 + Z2 \leq 1$

これによって，各機械の9通りの投資計画の中から解を選ぶ問題になる．投資額の制約式は，次のようになることは理解できる．

$50 Y1 + 80 Y2 + 40 Z1 + 70 Z2 \leq 120$

これを定式化すると次のようになる．

4. 意思決定に役立つ整数計画法

```
MODEL:
 [_1] MAX= 5 * A + 4 * B + 3 * C ;
 [_2] 12 * A + 7 * B + 10 * C - 10 * Y1 - 20 * Y2 <= 50 ;
 [_3] 8 * A + 9 * B + 4 * C - 5 * Z1 - 10 * Z2 <= 30 ;
 [_4] 50 * Y1 + 80 * Y2 + 40 * Z1 + 70 * Z2 <= 120 ;
 [_5] Y1 + Y2 <= 1 ;
 [_6] Z1 + Z2 <= 1 ;
 @GIN ( A ) ; @GIN ( B ) ; @GIN ( C ) ; @BIN ( Y1 ) ; @BIN ( Y2 ) ;
 @BIN (Z1) ; @BIN ( Z2 ) ;
END
```

出力は図4・8である．この問題は，Y1, Y2, Z1, Z2 に関する16通りの投資計画から制約条件によって9個の制約に限定された中から最適な投資を選ぶことになる．この結果は，たまたま，Y1=1, Y2=0, Z1=0, Z2=1 であった．そして，A=5, B=C=0 で利益は25になる．

```
Global optimal solution found.
  Objective value:                      25.00000
  Objective bound:                      25.00000
  Infeasibilities:                       0.000000
  Extended solver steps:                       0
  Total solver iterations:                     0

                    Variable          Value        Reduced Cost
                           A       5.000000          -5.000000
                           B       0.000000          -4.000000
                           C       0.000000          -3.000000
                          Y1       1.000000           0.000000
                          Y2       0.000000           0.000000
                          Z1       0.000000           0.000000
                          Z2       1.000000           0.000000

                         Row    Slack or Surplus    Dual Price
                          _1       25.00000           1.000000
                          _2        0.000000          0.000000
                          _3        0.000000          0.000000
                          _4        0.000000          0.000000
                          _5        0.000000          0.000000
                          _6        0.000000          0.000000
```

図4・8 投資計画（LINGO406.lg4）

(3) 0/1 のマジック

さて，機械の増設を1つだけにしたい．このときは，Y1+Y2<=1 と Z1+Z2<=1 の代わりに，Y1+Y2+Z1+Z2<=1 のような制約をおけばよい．これによって，5つの中から高々1つの設備投資が選ばれる．そして，Y1+Y2+Z1+Z =1 のように等号制約にすると，1つの機械だけに必ず投資することになる．このように，0/1型の整数変数をうまく使うと，色々な意思決定が行える．

```
MODEL:
  [_1] MAX= 5 * A + 4 * B + 3 * C ;
  [_2] 12 * A + 7 * B + 10 * C - 10 * Y1 - 20 * Y2 <= 50 ;
  [_3] 8 * A + 9 * B + 4 * C - 5 * Z1 - 10 * Z2 <= 30 ;
  [_4] 50 * Y1 + 80 * Y2 + 40 * Z1 + 70 * Z2 <= 120 ;
  [_5] Y1 + Y2 + Z1 + Z2 <= 1 ;
  @GIN ( A) ; @GIN ( B) ; @GIN ( C) ; @BIN ( Y1) ; @BIN ( Y2) ; @BIN (
    Z1) ; @BIN ( Z2) ;
END
```

出力結果は，図4・9である．機械 Z に 70 投資して能力を 10 に増やして，A を2個，B を2個，C を1個作って，21 の最大値が得られた．

```
Global optimal solution found.
  Objective value:                    21.00000
  Objective bound:                    21.00000
  Infeasibilities:                     0.000000
  Extended solver steps:                     0
  Total solver iterations:                   0
                Variable          Value      Reduced Cost
                       A       2.000000         -5.000000
                       B       2.000000         -4.000000
                       C       1.000000         -3.000000
                      Y1       0.000000          0.000000
                      Y2       0.000000          0.000000
                      Z1       0.000000          0.000000
                      Z2       1.000000          0.000000
                     Row  Slack or Surplus        Dual Price
                      _1       21.00000          1.000000
```

		2.000000	0.000000
		2.000000	0.000000
		50.00000	0.000000
		0.000000	0.000000

図4・9　一般整数変数（LINGO407.lg4）

4・4　分離貯蔵問題

　次の問題は，分離貯蔵問題として知られている．ある飼料加工業者は，7つの異なったサイロと，そこに貯蔵しなければならない4種類のさまざまな量の商品を持っている．各サイロは，たった1種類の商品しか収容できない．各商品とサイロを関連づけるのは運搬費用（単位は千円／トン）である．各サイロの持つ収容能力は有限である．そのためいくつかの商品はいくつかのサイロに分割しなければならない．表4・1には，この問題に対するデータを示す．この問題は，飼料加工業者を化学品会社に，サイロを貯蔵タンクに，商品を化学薬品に置き換えれば，多くの化学工場で利用できる．

表4・1　分離貯蔵問題

		サイロ							商品必要量
		1	2	3	4	5	6	7	
商品	A	1	2	2	3	4	5	5	75
	B	2	3	3	3	1	5	5	50
	C	4	4	3	2	1	5	5	25
	D	1	1	2	2	3	5	5	80
	収容能力（トン）	25	25	40	60	80	100	100	

　この種の問題を解くために，決定変数を決める必要がある．商品Aをサイロjへの輸送量を決定変数A_jで表す．残りの商品も同じく，B_j, C_j, D_j （j=1,…,7）で表す．すなわち，4*7 = 28個の一般整数変数を用いることになる．さらに，各サイロに一つの商品しか格納できないので，IA_j, IB_j, IC_j, ID_jでもって商品A, B, C, Dがサイロjに格納される場合を1に，格納しない場合を0にする．

下のモデルの2番目の制約式は，商品Aが7つのいずれかのサイロに格納される量が75トンであることを表す．5番目までの制約は，同じように商品B，C，Dのサイロへの格納合計トン数である．

6番目の制約式は，サイロ1に格納できるのが25トン以下であることを表す．同じようにサイロ2からサイロ7の制約が，12番目まで定義される．

13番目から19番目の制約式は，各サイロに一つの商品しか格納できないことを表している．

このモデルを定式化すると次のようになる（LINGO408.lg4）．

```
MODEL:
  [_1] MIN= A1 + 2 * A2 + 2 * A3 + 3 * A4 + 4 * A5 + 5 * A6 + 5 * A7 + 2 *
  B1 + 3 * B2 + 3 * B3 + 3 * B4 + B5 + 5 * B6 + 5 * B7 + 4 * C1 + 4 * C2 +
  3 * C3 + 2 * C4 + C5 + 5 * C6 + 5 * C7 + D1 + D2 + 2 * D3 + 2 * D4 + 3 *
  D5 + 5 * D6 + 5 * D7 ;
  [_2] A1*IA1 + A2*IA2 + A3*IA3 + A4*IA4 + A5*IA5 + A6*IA6 + A7*IA7 = 75 ;
  [_3] B1*IB1 + B2*IB2 + B3*IB3 + B4*IB4 + B5*IB5 + B6*IB6 + B7*IB7 = 50 ;
  [_4] C1*IC1 + C2*IC2 + C3*IC3 + C4*IC4 + C5*IC5 + C6*IC6 + C7*IC7 = 25 ;
  [_5] D1*ID1 + D2*ID2 + D3*ID3 + D4*ID4 + D5*ID5 + D6*ID6 + D7*ID7 = 80 ;
  [_6] A1*IA1 + B1*IB1 + C1*IC1 + D1*ID1 <= 25 ;
  [_7] A2*IA2 + B2*IB2 + C2*IC2 + D2*ID2 <= 25 ;
  [_8] A3*IA3 + B3*IB3 + C3*IC3 + D3*ID3 <= 40 ;
  [_9] A4*IA4 + B4*IB4 + C4*IC4 + D4*ID4 <= 60 ;
  [_10] A5*IA5 + B5*IB5 + C5*IC5 + D5*ID5 <= 80 ;
  [_11] A6*IA6 + B6*IB6 + C6*IC6 + D6*ID6 <= 100 ;
  [_12] A7*IA7 + B7*IB7 + C7*IC7 + D7*ID7 <= 100 ;
  [_13] IA1 + IB1 + IC1 + ID1 <= 1 ;
  [_14] IA2 + IB2 + IC2 + ID2 <= 1 ;
  [_15] IA3 + IB3 + IC3 + ID3 <= 1 ;
  [_16] IA4 + IB4 + IC4 + ID4 <= 1 ;
  [_17] IA5 + IB5 + IC5 + ID5 <= 1;
  [_18] IA6 + IB6 + IC6 + ID6 <= 1 ;
  [_19] IA7 + IB7 + IC7 + ID7 <= 1 ;
@GIN ( A1) ; @GIN ( A2) ; @GIN ( A3) ; @GIN ( A4) ; @GIN ( A5) ; @GIN (A6) ;
@GIN ( A7) ; @GIN ( B1) ; @GIN ( B2) ; @GIN ( B3) ; @GIN (B4) ; @GIN ( B5) ;
@GIN ( B6) ; @GIN ( B7) ; @GIN ( C1) ; @GIN (C2) ; @GIN ( C3) ; @GIN ( C4) ;
@GIN ( C5) ; @GIN ( C6) ; @GIN (C7) ; @GIN ( D1) ; @GIN ( D2) ; @GIN ( D3) ;
@GIN ( D4*ID4) ; @GIN (D5) ; @GIN ( D6) ; @GIN ( D7) ;
@BIN ( IA1) ; @BIN ( IA2) ; @BIN ( IA3) ; @BIN ( IA4) ; @BIN ( IA5) ; @BIN (
IA6) ; @BIN ( IA7) ; @BIN ( IB1) ; @BIN ( IB2) ; @BIN ( IB3) ; @BIN ( IB4) ;
@BIN ( IB5) ; @BIN ( IB6) ; @BIN ( IB7) ; @BIN ( IC1) ; @BIN ( IC2) ; @BIN (
```

```
IC3) ; @BIN ( IC4) ; @BIN ( IC5) ; @BIN ( IC6) ; @BIN ( IC7) ; @BIN ( ID1) ;
@BIN ( ID2) ; @BIN ( ID3) ; @BIN ( ID4) ; @BIN ( ID5) ; @BIN ( ID6) ; @BIN (
ID7) ;
END
```

このモデルは，制約式は19個で評価版の制限の150個以内で問題ない．しかし，非線形項と整数変数が56個（4商品＊7サイロ＊2）で30個の制約を越えるので解けない．紙面だけで理解してほしい．

出力は次の図4・10（一部省略）になる．目的関数の値は805であるが，この解は最初の表示に見るように「Local optimal solution found.」すなわち極小値であって，最小値かどうか分からない．

```
Local optimal solution found.
Objective value:                          805.0000
                              Variable        Value
                                    A7     75.00000
                                    B2     25.00000
                                    B3     25.00000
                                    C1     25.00000
                                    D4     60.00000
                                    D5     20.00000
```

図4・10　分離貯蔵問題の極小解

大域的最適解すなわち真の最小値であるか確かめるために，Globalオプションを指定して大域的最適解の保証を行い，再実行すると図4・11の最小値465が求まった．驚くことに費用がほぼ半減した．

```
Global optimal solution found.
Objective value:                          465.0000
Objective bound:                          465.0000
Infeasibilities:                          0.000000
Extended solver steps:                           1
Total solver iterations:                       209
                              Variable        Value
                                    A1     25.00000
                                    A3     40.00000
                                    A7     10.00000
                                    B5     50.00000
```

		C6	25.00000
		D2	25.00000
		D4	55.00000

図 4・11 分離貯蔵問題の最小値

A1 (商品 A がサイロ 1 に格納)，D2, A3, D4, B5, C6, A7 が選ばれる。これによって、サイロ 1 からサイロ 7 に商品 A, D, A, D, B, C, A が 25, 25, 40, 55, 50, 25, 10 格納される。各商品は、必要量だけ各サイロに分留貯蔵される。そして輸送費は 465 になる。

大域的最適解の探索を行うと、費用が 805 から 465 と半減したことである。数理計画法ソフトを使ってもこの差は大きい。山勘でこの問題を扱うと、もっと無駄をすることになるだろう。

問402 上の問題を、What's Best! に習熟した後、定式化してみよう。

答402 以下が What's Best! のモデル (401 サイロ問題.xls) である。読者は、この時点で What's Best! が可視性に優れていることを確認してほしい。一番上は、問題の基礎データである。2 番目は、各商品のサイロへの輸送量を表す。次は、各サイロへは一つの商品しか格納できないことを 0/1 の整数変数で表す。制約条件は、各商品の必要量と、各サイロの収容能力の条件を示す。商品欄の輸送費用と輸送量の積和が輸送費の 700 である。このモデルも評価版では解けない。

表 4・2 What's Best! による局所解

					サイロ				
			1	2	3	4	5	6	7	商品必要量
商品	A	1	2	2	3	4	5	5	75
	B	2	3	3	3	1	5	5	50
	C	4	4	3	2	1	5	5	25
	D	1	1	2	2	3	5	5	80
収容能力		25	25	40	60	80	100	100	
		1	2	3	4	5	6	7	
輸送量	A	0	0	40	35	0	0	0	
	B	25	0	0	0	0	14	11	

4. 意思決定に役立つ整数計画法

	C	0	25	0	0	0	0	0	
	D	0	0	0	0	80	0	0	輸送費用
		25	25	40	35	80	14	11	700

サイロ選択	A	0	0	1	1	0	0	0	=
	B	1	0	0	0	0	1	1	=
	C	0	1	0	0	0	0	0	=
	D	0	0	0	0	1	0	0	=
		1	1	1	1	1	1	1	
		=<=	=<=	=<=	=<=	=<=	=<=	=<=	

		1	2	3	4	5	6	7	サイロの容量
制約条件	A	0	0	40	35	0	0	0	75
	B	25	0	0	0	0	14	11	50
	C	0	25	0	0	0	0	0	25
	D	0	0	0	0	80	0	0	80
		25	25	40	35	80	14	11	

これを大域的最適解の探索を行うと（402 サイロ問題.xls）最小値は 465 になる．

表 4・3　What's Best! による大域的最適解

		サイロ							
		1	2	3	4	5	6	7	商品必要量
商品	A	1	2	2	3	4	5	5	75
	B	2	3	3	3	1	5	5	50
	C	4	4	3	2	1	5	5	25
	D	1	1	2	2	3	5	5	80
	収容能力	25	25	40	60	80	100	100	

		1	2	3	4	5	6	7	
輸送量	A	25	0	40	0	0	0	10	
	B	0	0	0	0	50	0	0	
	C	0	0	0	0	0	25	0	
	D	0	25	0	55	0	0	0	輸送費用
		25	25	40	55	50	25	10	465

サイロ選択	A	1	0	1	0	0	0	1	
	B	0	0	0	0	1	0	0	
	C	0	0	0	0	0	1	0	
	D	0	1	0	1	0	0	0	
		1	1	1	1	1	1	1	
		=<=	=<=	=<=	=<=	=<=	=<=	=<=	

制約条件		1	2	3	4	5	6	7	サイロの容量
	A	25	0	40	0	0	0	10	75
	B	0	0	0	0	50	0	0	50
	C	0	0	0	0	0	25	0	25
	D	0	25	0	55	0	0	0	80
		25	25	40	55	50	25	10	
		=<=	=<=	=<=	<=	<=	<=	<=	

問403 この問題を，評価版で解けるように修正してみよう．

答403 例えば，商品Cとサイロ6と7を省く．そしてAの必要量を75から65に変更すればよい．

次は，「403サイロ問題.xls」の出力ある．局所解による輸送費は470である．

表4・4 What's Best! による局所最適解

		サイロ					
		1	2	3	4	5	商品必要量
商品	A	1	2	2	3	4	65
	B	2	3	3	3	1	50
	D	1	1	2	2	3	80
	収容能力	25	25	40	60	80	

		1	2	3	4	5	
輸送量	A	0	25	40	0	0	
	B	0	0	0	50	0	
	D	25	0	0	0	55	輸送費用
		25	25	40	50	55	470

4. 意思決定に役立つ整数計画法

サイロ選択	A	0	1	1	0	0	
	B	0	0	0	1	0	
	D	1	0	0	0	1	
		1	1	1	1	1	
		=<=	=<=	=<=	=<=	=<=	

			1	2	3	4	5	サイロの容量
制約条件	A		0	25	40	0	0	65
	B		0	0	0	50	0	50
	D		25	0	0	0	55	80
			25	25	40	50	55	
			=<=	=<=	=<=	<=	<=	

商用版で大域的最適解を求めると表4・5の290になる．しかし，評価版ではGlobalオプションで指定できる変数は3個で，答えは出ない．また，分留サイロ問題は，小さなモデルでも最小値と極小値は答えがかなり異なることが分かる．

表4・5 What's Best! による大域的最適解

			サイロ					商品必要量
			1	2	3	4	5	
商品		A	1	2	2	3	4	65
		B	2	3	3	3	1	50
		D	1	1	2	2	3	80
	収容能力		25	25	40	60	80	

			1	2	3	4	5	
輸送量		A	25	0	40	0	0	
		B	0	0	0	0	50	
		D	0	25	0	55	0	輸送費用
			25	25	40	55	50	290

サイロ選択	A	1	0	1	0	0	
	B	0	0	0	0	1	
	D	0	1	0	1	0	

4・5 MPSXモデルとの変換

第1世代の数理計画法ソフトの代表は，IBMのMPSXであろう．LINGOには，このモデルとの入出力ができる．この機能を有する数理計画法ソフトの間で，お互いのモデルを変換できる．

(1) MPSXの定式化

次は，MPSXによるIPモデルの定式化である (409MPSX.mps)．

```
NAME            NO_TITLE
ROWS
 N  1
 E  2
COLUMNS
    INT0000B   'MARKER'                 'INTORG'
    X_1  1              -81
    X_1  2             12228
    X_2  1              -221
    X_2  2             36679
    X_3  1              -219
    X_3  2             36682
    X_4  1              -317
    X_4  2             48908
    X_5  1              -385
    X_5  2             61139
    X_6  1              -413
    X_6  2             73365
    INT0000E   'MARKER'                 'INTEND'
RHS
    RHS1       2              89716837
BOUNDS
 UP BND1      X_1            99999
 UP BND1      X_2            99999
 UP BND1      X_3            99999
 UP BND1      X_4            99999
 UP BND1      X_5            99999
 UP BND1      X_6            99999
ENDATA
```

(2) LINGO の定式化

上のモデルを LINGO に入力すると，次のモデル (LINGO409MPSX.lg4) なる．一種のナップザック問題である．

```
TITLE NO_TITLE;
 [ _1] MIN = - 81 * X_1 - 221 * X_2 - 219 * X_3 - 317 * X_4
 - 385 * X_5 - 413 * X_6;
 [ _2] 12228 * X_1 + 36679 * X_2 + 36682 * X_3 + 48908 * X_4
 + 61139 * X_5 + 73365 * X_6 = 89716837;
 @GIN( X_1); @GIN( X_2); @GIN( X_3); @GIN( X_4); @GIN( X_5);@GIN( X_6);
 @BND( 0, X_1, 99999); @BND( 0, X_2, 99999);
 @BND( 0, X_3, 99999); @BND( 0, X_4, 99999);
 @BND( 0, X_5, 99999); @BND( 0, X_6, 99999);
```

この問題は，1秒程度で解がもとまり，その解は次のとおりである．

```
 Global optimal solution found at iteration:         0
 Objective value:                              -540564.0
  Model Title: NO_TITLE
                 Variable           Value       Reduced Cost
                      X_1        0.000000         -81.00000
                      X_2        2445.000         -221.0000
                      X_3        1.000000         -219.0000
                      X_4        0.000000         -317.0000
                      X_5        0.000000         -385.0000
                      X_6        0.000000         -413.0000
                      Row    Slack or Surplus    Dual Price
                       _1        -540564.0        -1.000000
                       _2        0.000000          0.000000
```

図 4・12　ナップザック問題の解

5 What's Best! って, なんだろう？

What's Best!（何が，最適化）って，何だろう？　その正体は，Excel のアドインソフトである．アドインソフトとは，Excel に外部のソフト会社が付加価値のある商品をメニューに追加したものだ．米国の PC Magagine 誌で最優秀ソフトウエア賞を受賞している．

5・1　インストールしてみよう

(1) インストールの段取り

　本書に添付の CD-ROM を PC にセットして，wb9.zip をダブルクリックして，解凍しよう．解凍すると，WB9 のフォルダーが開く．その中の「SETUP.EXE」をダブルクリックすると図5・1 の「What's Best! 9.0」画面が表れる．LINGO－WINDOWS－IA32－11.0.zip は，LINGO11 版の評価版ソフトである．こちらは，解凍するだけで簡単にインストールできる．

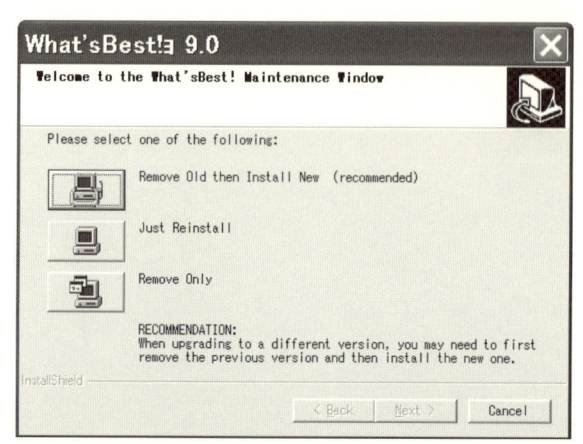

図5・1　ようこそ画面（2008 年時点では WB! の版は，Ver.9 である）

(2) 使用条件

図5・1の一番上の「Remove Old then Install New」を選んで［Next］をクリックすると，図5・2のライセンス契約の画面になる．じっくり英語を読む余裕のない人は，おおよそ次のようなことが書いてある．本ソフトは，本書を購入した読者が学習用に1台のPCにインストールし使用する事が許されている．これを他人に譲渡したり，改変したりすることは法律で禁じられている．LINDO社製品は，この1台契約を基本に，大学では同一機関（情報処理センター，学部，研究科，研究室）単位で格安なサイトライセンス契約，企業では複数台割引契約，ネットワークとWebアプリケーション契約がある．

評価版は，1）第1の目的は学生が大学で商用版で教育を受けても自宅で学習することが困難な点を解消することである．2）第2の目的は社会人が数理計画法の勉強と商用版購入の際の評価検討の便宜のためである．

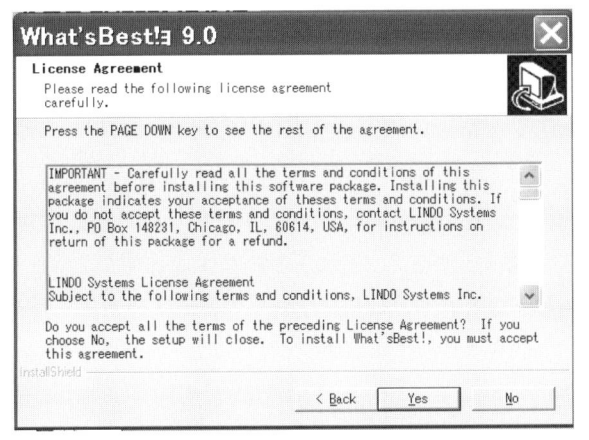

図5・2 ライセンス契約

さて，このライセンス契約の内容に同意される方は［Yes］，同意しない方は［NO］を押す．［Yes］を押せば，読者が契約内容を理解していようがいまいが，同意したことになるので注意してほしい．

(3) 評価版の利用環境

同意した方は，システムの利用環境を説明する次の内容の情報画面が現れる．OSはWindows98以降，Vista版まで．Excelは2002年版以降2007年版まで．

CPU は Pentium クラス．RAM は 256MB．空きデスク容量は 40MB 以上．

(4) WB フォルダとアドインのインストール

次に［Next］を選べば，図 5・3 の雛形（Sample）モデルの入った WB というフォルダのインストール場所を指定する．一般に図 5・3 の「Destination Directory」のデフォルトにあるように，C ドライブの下に WB フォルダをインストールすればよいだろう．

図 5・3　WB フォルダーのインストール場所

［Browse］ボタンをクリックして，他の場所に WB フォルダーをインストールすることもできる．ただし，長いパス名を指定し，日本語などの 2 バイト文字がパス名に入るとエラーになることもあるので注意してほしい．

図 5・4 は，What's Best! の Add-in ファイルのインストール先である．ここでは，よほどのことが無い限り Default を（C:¥Program Files¥ Microsoft Office¥OFFICE11¥Library）選ぶ．

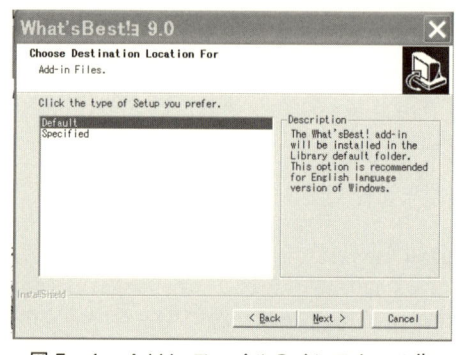

図 5・4　Add-in ファイルのインストール先

(5) 設定の完了

図5・4で［Next］を押すと，WB! の Add-in ファイルのインストール先の確認画面が現れる．［Next］をクリックすると図5・5の完了画面が表れる．もし途中で操作を間違った場合は，各画面に「Back」というボタンがあるので，一つ前に戻って指定しなおせばいい．何かわからないことがあれば，図のチェックボックスを選択し，「ReadMe」ファイル（導入の注意点を書いた英文の解説）を調べよう．

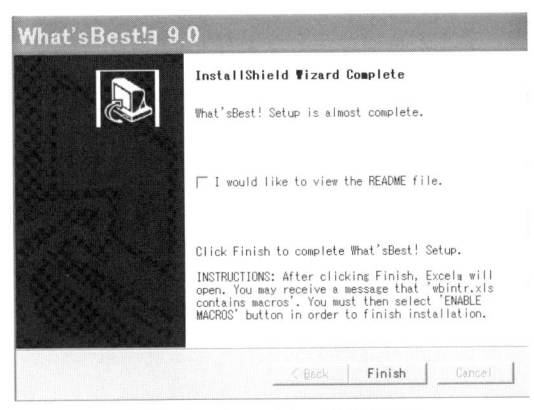

図5・5 セットアップ完了画面

［Finish］をクリックすると，図5・6の Excel 画面が表れる．「セキュリティの警告」画面で，「マクロを有効にする」をクリックすると図5・7のように，Excel のメニューに［WB!］アイコンと，「What's Best!」のツールバーが追加されることを説明している．

もしこのように表示されていなければ，次の (6) で WB! を手作業でアドインに追加する必要がある．この作業は，図5・7のように表示されていれば行う必要は無い．

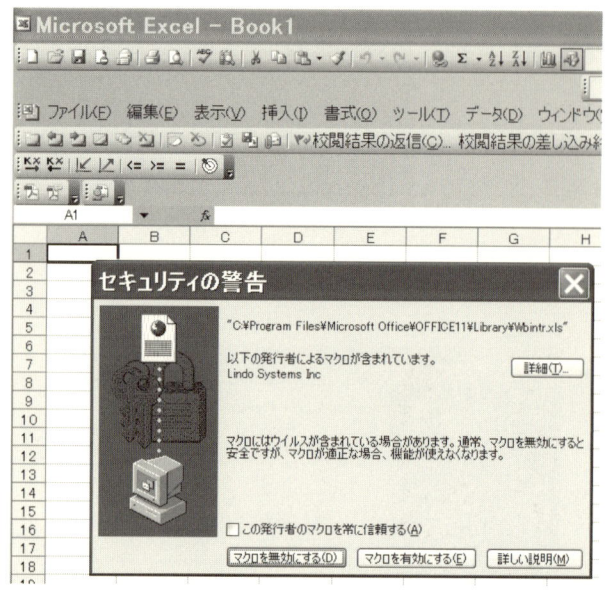

図5・6　Excel 画面

　アドインは，Excel のマクロであるので，マクロを無効にすれば WB! は利用できなくなる．

【注】他の状況で，マクロをインストールする必要が無い場合にこの警告が現れた場合，ウイルスかもしれないので「マクロを無効にする」をクリックする．

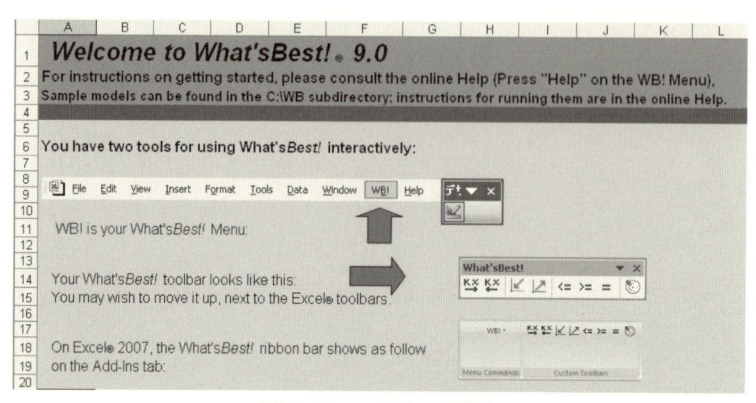

図5・7　アドインの確認

(6) Excel に WB をアドイン（追加）する

もし Excel のメニューに「WB!」とツールバーが表示されていない場合，Excel メニューで［ツール］→［アドイン］を選ぶと図 5・8 の「アドイン」画面が表れる．「What's Best! 9」の前のチェック・ボックスをクリックした後，［OK］をクリックする（［OK］すると略す）．これで，アドインが追加される．

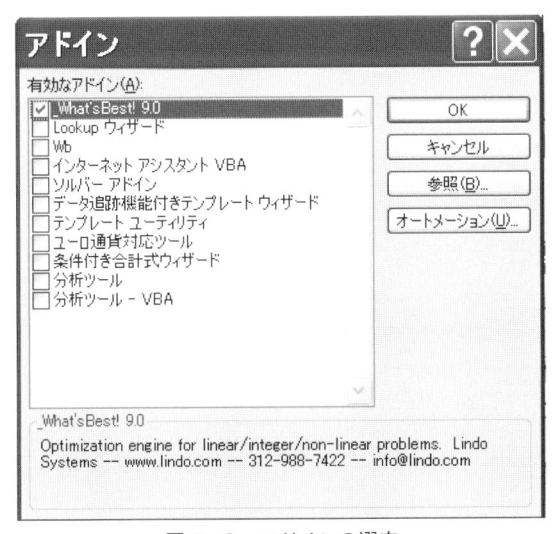

図 5・8　アドインの選定

(7) WB のメニュー

図 5・9 は［WB!］のメニューである．Adjustable で決定変数のセルを指定する．Best で目的関数のセルを指定する．Constraints で制約式を指定する．そして Solve でモデルの解を求める．以上が利用に際して重要なコマンドである．Integer は，Adjustable で指定した決定変数のセルを整数変数に指定する．Options では，種々のオプションの指定ができる．Advanced は，より高機能なオプションである．Locate で目的関数，決定変数，制約式の入ったセルを特定できる．Help は，種々のヘルプ情報を提供する．

それ以外は，マニュアルを参照．

図5・9　[WB!] メニュー

(8) 評価版の選択

　[WB!] メニューで [Upgrade] を選ぶと図5・10のパスワード入力画面が現れる．皆さんが将来，What's Best! でもっと大きなモデルを解きたい場合，LINDO JAPAN（http://www.LINDO.JP）と契約を結べば，パスワードが送られてくる．それをコピーし，[Ctrl+V] でもってここに貼り付けて，[OK] すれば商用版になる．

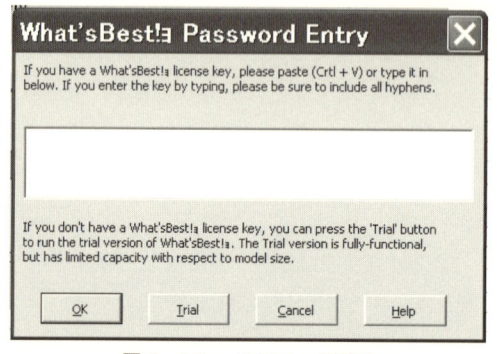

図5・10　パスワード画面

　本書の読者は [Trial] をクリックすることで評価版になる．

(9) 評価版の機能

この後，図 5・11 のような評価版の機能の紹介が現れる．150 個のセルを制約式に，300 個のセルを決定変数として扱える．また，30 個のセルを整数変数，そして 30 個の非線形な関係式を表すセルが利用できる．このうち 5 個の変数で大域的最適解が保障される．License の欄には，ライセンスの有効期限が表示されている．評価版は，2 ヶ月後に停止するが CD-ROM から再インストールすれば無期限に利用できる．また，次の HP から新しい版をダウンロードできる．ただし，将来条件や URL が変わる場合がある．

http://WWW.LINDO.COM

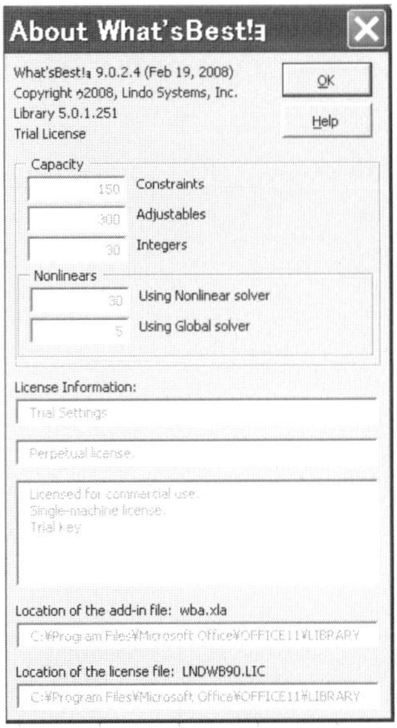

図 5・11　評価版

(10) 本書で使用するモデルのインストール

CD-ROM の WB1 フォルダーには，本書で使用するモデルが入っている．これを c ドライブにインストールしよう．あるいは，この中のモデルを WB フォルダーにコピーしても良い．この場合は，これ以降の WB1 フォルダーの記述は，WB に読み替えてほしい．

5・2 What's Best! の重要な ABC

What's Best! のモデル作成法は，メニュー・コマンドの頭文字をとった，ABCの3ステップで完了する．そして，Solve ステップで実行して終わりである．
「Adjustable」は，セルを決定変数に指定するコマンドである．最適化計算によって，指定したセルの初期値が最適解に修正されるので，What's Best! では「修正可能セル」といっている．ABC という語呂のよさからつけたのであろう．数理計画法の専門用語ではない．ここで指定した以外の数値は，最適計算によって変更されない．「Best」は，最大か最小かの目的関数を表すセルを指定するコマンドである．この指定を行わないと，単に制約条件で指定した連立不等式や連立方程式を満たす一つの解が求められる．「Constraints」は，セルに制約式を指定するコマンドである．これらの頭文字の ABC をとって，この3個の ABC コマンドで数理計画法モデルの作成準備が終了する．そして [Solve] を選ぶことで，ABCで指定したモデルの解が求まる．読者は，以下の手順を頭に叩き込んでおこう．

　A（Adjustable）：決定変数を指定する
　B（Best）　　　：最大か最小かを指定する
　C（Constraints）：制約式を指定する
　　以上でモデルの定式化が終了する．そして，
　S（Solve）　　　：解を求める
　　すなわち，合言葉は ABC ステップでモデルを作成し，そして実行である．

5・3 実際に使ってみよう

ここでは，作成済みのモデルを入力し，WB! のコマンドと数理計画法モデルについて調べてみよう．
「組み立て問題」は，部品を組み立て，最終製品を作る場合に有効である．自動車，電機，機械，プレハブ住宅，レゴなどの玩具，などの離散型産業（Discrete）はいうに及ばず，製造業化した外食産業に幅広く応用できる「雛形モデル」である．

（1）モデルの入力

　［ファイル］→［開く］でもって，図 5・12 の「ファイルを開く」ウィンドウが表れる．「ファイルの場所」は，デフォルトの C ドライブの下にある「WB」フォルダにしてほしい．「VB60」フォルダと，サンプル（雛形）モデルが格納されている．これらのモデルは，CD-ROM の日本語マニュアルに解説してある．

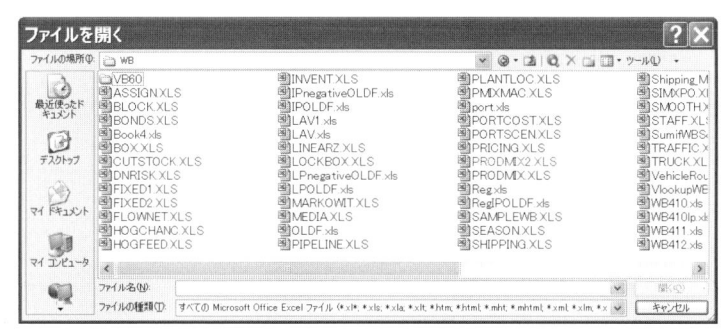

図 5・12　ファイルを開くウィンドウ

　次に，「ファイルの場所」を「WB1」に変更しよう．そして図 5・13 の「501 新村コンピュータ.XLS」を開こう．もしセル「F15:F17」に「＃ REF！」という記号が表示されていれば，「5・7　注意点」を見てほしい．

図 5・13　新村コンピュータ

(2) あなたは，パソコンの生産者

少し，イントロが長くなった．これから，What's Best! を用いて，組み立て問題を例に紹介しよう．組み立て問題は，部品を組み合わせて最終製品を作るすべての産業に利用できる．すなわち，電気製品や自動車などのお堅い産業に利用されてきた．しかし，最近の外食産業は，食材を部品化することで成り立っているので，同じタイプのモデルがそのまま利用できる．だから，読者がハンバーガー・ショップのモデルに作り変えることは容易である．

数理計画法モデルを，What's Best! でモデル作成するコツを理解すれば，同じモデルをちょっと視点を変えることで，色々な分野の問題が氷解する．

読者にとって，どのような例題がわかりやすいのか，迷ってしまう．とりあえず，パソコンの組み立て問題として取り上げよう．

(3) 何が問題か？

今，あなたはガレージ産業のオーナーとしよう．自宅で，副社長の奥さんと2種類のコンピュータを作っている．標準PCは，1台30（千円）の利益，高級PCは50（千円）の利益がある．このようなべらぼうな利益が現実的でないと考える読者は，卸価格あるいは販売価格と自由に読みかえればよい．そして，この2つの商品は，3つの部品——標準シャーシ，高級シャーシ，ディスク装置——から作られている．部品が少ないのは，あくまで説明を簡便にするためである．

経営上の問題は，図5・13に示す「G15:G17」のセルに入っている，現在利用できる標準シャーシ，高級シャーシ，ディスク装置の在庫部品数60，50，120から，標準PCと高級PCを何台ずつ作れば，今月の利益が最大化されるかである．

(4) 人生の分かれ目

このような小さな問題を，「教科書的な問題」という．このような問題に対して，読者の反応は，きっと二通りに分かれるだろう．「全く現実と違った，馬鹿げた問題だ」と考えるか，「現実の問題は，単に部品や製品の種類を増やすだけで，この問題を応用できる」と考えるかである．さらには，この単純な雛形モデルから，組み立て問題や数理計画法全般に興味を持つか否かが人生の分かれ道になる．

5・4 レイアウトを確認しよう

ここでは，読者は各セルをクリックして，モデルの内容を確認してみよう．

(1) A ステップ：

セルの C5 と D5 は，標準 PC と高級 PC の今月の生産台数を入れるセルである．最初の初期値は何でもいいが，0 を入れておくと固定された数値と区別でき，わかりやすい．これを A ステップで修正可能セルに指定する．すると，黒色から青色になる．すなわち，決定変数の初期値は青色の数値 0 で表される．これを，WB で最適化したい．

(2) B ステップ：

C8（¥30）と D8（¥50）は，標準 PC と高級 PC の 1 台あたりの利益額を表す数値が入っている．修正可能セルに指定していないので，最適化の過程で変更されない固定された数値である．修正可能セルは，青色なのに対して，固定セルの数値は黒字のままであることに注意してほしい．G6 のセルをクリックしてみよう．G6 には，総利益を示す次の式がすでに入っている．

$$\begin{aligned}総利益 &= (標準 PC の利益) \times (標準 PC の生産台数) \\ &+ (高級 PC の利益) \times (高級 PC の生産台数) \\ &= 30 \times (標準 PC の生産台数) + 50 \times (高級 PC の生産台数) \\ &= 30 \times 0 + 50 \times 0 = 0\end{aligned}$$

これは，G6 のセルに式「=C5*C8＋D5*D8」を直接入力するか C5:D5 と C8:D8 の積和を求める「=SUMPRODUCT(C5:D5,C8:D8)」でもって定義してやればいい．一般には，SUMPRODUCT 関数を使えば，目的関数や制約式の指定も簡単になる．

(3) C ステップ：

標準 PC を 1 台作るには，標準シャーシ 1 個（C15）とディスク装置 1 個（C17）が必要になる．これが「C15：C17」に入っている定数の「1,0,1」である．高級 PC を 1 台作るには，高級シャーシ 1 個（D16）とディスク装置 2 個（D17）が必要である．これが「D15:D17」に入っている定数の「0,1,2」である．「E15」に

は，「SUMPRODUCT($C$5:$D$5,C15:D15)」が入っている．これは，標準PCと高級PCで使われる標準シャーシの使用数になる．同様に，「E16」と「E17」には高級シャーシとディスク装置の全使用数が入る．G列の在庫数の下の数字は，先ほど述べたとおり，利用できる部品の在庫数である．

経済活動は資源が無制限に使えるわけではない．このような在庫数という資源制約の下で，使用部品数がこの値を超えないように知恵を絞って，標準PCと高級PCの生産台数を決定するという経営上の意思決定を行うことになる．このため，「F15:F17」に「全使用数 <= 在庫数」という制約条件を［WB!］のCステップで設定することになる．ここでは，「<=」という比較条件が表示されている．

(4) What's If? 分析を行ってみよう

C5とD5のセルに，さまざまな値をいれ，力ずくで生産台数を決める人がいるかもしれないが，これを「What's If? 分析」という．あるいは，山勘で決める人もいる．もちろん，松下幸之助さんのような経営の神様であれば，それでもいいであろう．しかし，我々は，普通の凡人であるという自覚が必要である．読者も，自分でさまざまな値を入力してみよう．

世の中には，一生懸命に汗をかいているが，報われない人がいる．ちなみに，まぐれで利益を最大にできた人には，賞金を上げたいくらいだ．

それでも，少しまともな人は，次のように考えるだろう．「高級PCの利益率が高いので，その生産に全力を尽くそう．余った部品は，標準PCに振り向ければよい．これで，きっと利益を最大化できる」．

この方針に従えば，高級シャーシが50個あるので，高級PCをまず50個生産することにしよう．次に，暗算で，ディスク装置が20個残るので，標準PCを20個作ればよいことがわかる．これをC5とD5のセルに入れて確かめてみよう．あるいは，D5に50を入れると，ディスク装置の全使用数が100になり，それからC5（標準PC）が20しか生産できないことがわかる．利益は￥31,000，標準シャーシが40個余ることになる．これは，翌月の在庫にしよう．メデタシ，メデタシ．

(5) さあ実行してみよう

WB! メニューから，Solveを選ぶと，図5・14のように，利益が￥33,000になる．なんと，高級シャーシを20個余す方が，利益が￥200も改善されることがわ

かる．読者は，何回試行錯誤しても，これ以上良い結果は得られない．

	A	B	C	D	E	F	G
1			新村コンピュータ㈱				
2							
3	製品		標準PC	高級PC			
4							利益
5	製造個数		60	30			
6							¥3,300
7							
8	利益／台		¥30	¥50			
9							
10			部品制約				
11							
12	部品		要求数				
13			標準品	デラックス	全使用数		在庫数
14							
15	標準シャーシ		1	0	60	=<=	60
16	高級シャーシ		0	1	30	<=	50
17	ディスク装置		1	2	120	=<=	120

図 5・14　Solve の実行

(6) ハンバーガー・ショップ問題に作り変える

さて，あなたはハンバーガー・ショップの店長としよう．この問題を，自分の店に応用するにはどうすればいいだろうか．標準 PC を標準バーガー，高級 PC を高級バーガーとして，標準シャーシを標準バーガー特有の具財，高級シャーシを高級バーガー特有の具財，ディスク装置を肉パテと置き換えればいいだけだ．

すなわち，数理計画法は同じモデルでも，ものの見方（決定変数の定義）を変えることでいろいろな分野に応用できる．柔軟な思考の持ち主にとって，これほど楽しい学問はないだろう．

5・5　What's Best! を実際に使ってみよう

利益を最大化したり，費用を最小化したりする方法が，数理計画法だ．すなわち，ある制約条件の中で，最適化を行ってくれる．これによって，What's If? 分析で試行錯誤する無駄な時間と，最適解が得られないことによる機会損失が避けられる．このために，What's Best! を使いこなすには，中学程度の不等式と四則演算の知識が前提になる．それでは，今習ったことを実際に What's Best! を使ってもう一度確認してみよう．

(1) What's Best! のアドイン・メニュー

図5・9は，WB!のアドイン・メニューである．図5・13のスプレッドシートのセルに，Adjustable（修正可能セル），Best（最適セル），Constraints（制約式）の印を付けて，Solve（実行）すればよい．すなわち，Lotus123の123をイメージさせるABCが，What's Best!の操作手順の合言葉だ．非常に簡単だ．

さて，What's Best!がどのようにしてモデルを作成するかを示すため，スプレッドシートにABCを適用してみよう．ここでは簡単にABCの流れを読むだけでもいい．その後で実際に行ってみよう．自信のある読者は，操作をすぐに行ってもいい．

(2) Let's go! ABC

A：修正可能セルの決定

この例では，What's Best!では最適計算後，セルC5とD5に製品の最適な生産台数を決めてくれる．What's Best!に，これらのセルが修正可能な数値セルであることを示すため，読者は0を初期値として入れてみよう．あるいは，20とか50のような任意の数値でもかまわないが，修正可能セルであることの識別が難しくなる．次に，セルC5とD5を選んで，WB!メニューからAdjustableを選ぶことにより，図5・15のAdjustableダイアログボックス（画面）が現れる．そこで，「Refers To:」に修正可能セルが正しく選ばれていることと「Make Adjustable」であることを確認して，OKボタンを押す．これを今後は，［WB!］→［Adjustable］→［Make Adjustable］と表記する．この操作で，C5とD5が，修正可能セルになる．

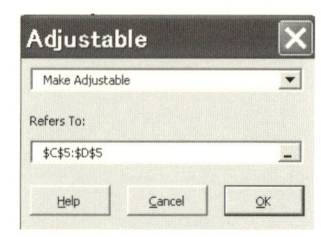

図5・15　決定係数をAdjustableで指定　（Aステップ）

B：Bestセルの決定

「G6」を目的関数のセルにするには，カーソルをそこにもっていき，WB!メニ

ューから Best を選択する（[WB!] → [Best]）．図 5・16 の Best 画面には，Maximize（最大化），Minimize（最小化），None（単なる連立不等式としての解を求める）のボタンがある．そこから Maximize を選び，OK ボタンを押す．これによって，目的関数（MAX=30*C5+50*D5;）が定義できる．「None」を選ぶと，制約条件を満足する連立不等式の一つの解を求めてくれる．これを今後は，[WB!] → [Best] → [Maximize/Minimize/None] → [OK] と表す．

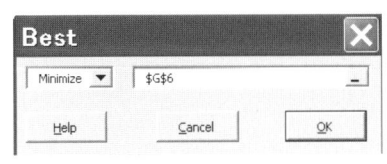

図 5・16 最適化（B ステップ）

C：Constraints（制約式）

セル「F15:F17」を選んで，WB! メニューから Constraints を選ぶと（[WB!] → [Constraints]），図 5・17 の Constraints 画面が表れる．ここで，E15:E17 に入っている部品の総使用数が，右側の G15:G17 に入っている在庫数より大きくなってはいけないので，（<=, Less Than）をクリックし，OK ボタンを押す．

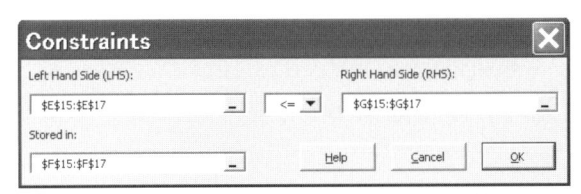

図 5・17 制約式の設定（C ステップ）

この指定で計算式欄には，「=WB（E15,"<=",G15）」という式が入る．WB（ ）関数は，「E15<=G15」を定義している WB! の関数であり，Excel の関数ではない．Constraints ダイアログの「Left Hand Side」には，「$E$15:$E$17」すなわち不等式の左辺にある部品の使用数を表すセルがきている．「Right Hand Side」には，「$G$15:$G$17」すなわち不等式の右辺にある在庫数を表すセルがきている．「Stored in:」の右の「$F$15:f17」は，条件式が入るセルが指定されている．これによって，実は次の不等式が定義されたことになる．

C15*C5+D15*D5<=60;
C16*C5+D16*D5<=50;

C17*C5+D17*D5<=120;

(C) さあ実行してみよう

　WB! メニューから Solve を選び，図5・14と同じ結果が得られていることを確認しよう．異なっている場合は，モデルをもう一度見直してみよう．

5・6　その他のメニュー

　[WB!] メニューをクリックして，他の残りのコマンドを順次みていこう．

(1) 整数変数の指定

　[WB!] → [Integer] でもって，図5・18の「Integer」画面が現れる．

　ここでは，修正可能セルを事前に指定した後，0か1の値を取る整数変数（Integer Type の Binary-WBBI）か，一般的な 0,1,2,3,… という非負の整数値（Integer Type の General-WBIN）を，「Integer Type」で指定する．

　このために，修正可能変数の中で，整数変数に指定したいセル範囲を，図5・18を呼び出す前に指定し反転表示する．そして，この画面の上段に指定したセル範囲の名前を表す文字をアルファベットで例えば Products のように入力する．日本語や特殊文字は使わないでほしい．例えば図5・14で，C5とD5のセルを選んだ後で [WB!] → [Integer]，そして図5・18で，[General WBIN] を選んで，[Integer Names in Workbook] に Products と入力する．そして，[Add] をクリックすると，WBINTProducts という整数変数を表すセル名が，下の空白の欄に追加される．すなわち，これを繰り返すことで，整数変数のセル範囲を目的に合わせていくらでも指定できる．ただし，整数変数の指定を1回で行えるように，レイアウトを工夫することが重要である．

　組み立て問題は，LPで解いても自然に整数解を得ることができるので，決してIPで解かないでほしい．整数変数を指定するか指定しないかは，ある程度の慣れである．もっとも初めのうちは，時間のかからないLPで解いて整数解が得られなければ，その後で指定して再度計算してもよい．

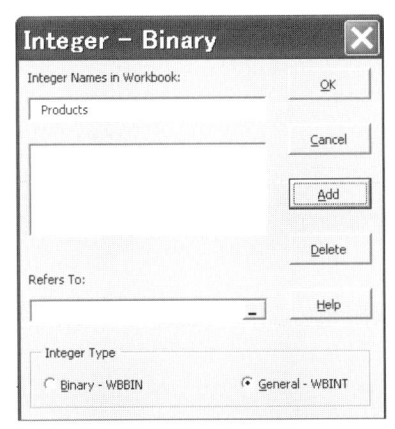

図 5・18　Integer 画面

　逆に整数変数の指定を解除したい時は，図 5・18 の画面を呼び出し，中段にあるリストの中のセル範囲名の WBINTProducts をクリックして［Delete］すればよい．

　[WB!] → [Options] → [Integer Solver] を選ぶと図 5・19 の「Integer Solver Options」画面が表れる．整数計画法は一般的に時間がかかる．次の 2 つの機能はそれを改善する方法である．

　「Relative」に「0.1」のような値を入れて［OK］する．すると計算の過程で現在得られている整数解よりも 1 割以上改善した解のみを探索する．今，100 という途中の解が最大化問題として求まっていたとしよう．この場合，110 以上の解がこれ以降探索される．そして，100 から 109 迄の解の探索は行われない．だから 200 という解が最終的に求まった場合，真の最適解は 200 から 219 の間にある．逆に最小化問題では，100 という値が途中で求まると，次に 90 以下の探索だけが行われる．

　一方，「Abusolute」に読者が経験上モデルの解として確信している「60」というような値を入れると，最大問題では 60 以下の解の探索は行わず，60 以上のみを探索する．逆に，最小問題では 60 以上の解の探索は行わず，60 以下のみを探索する．計算が数時間に及ぶ場合は，筆者の経験では「Abusolute」は役に立たず，「Relative」で満足解を求めることが実用的であると考えている．あるいは併用しても良い．

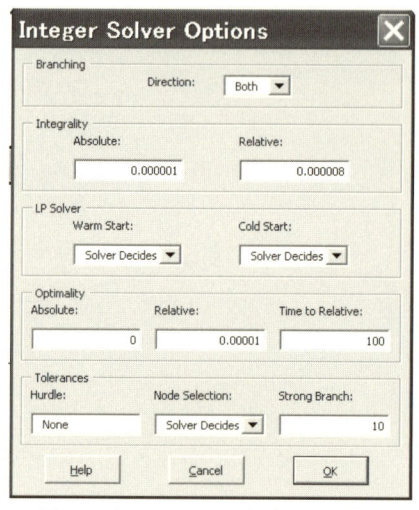

図5・19　Integer のオプション画面

(2) Report

［WB!］→［Options］→［General］でもって，図5・20の「General Options」画面が表れる．

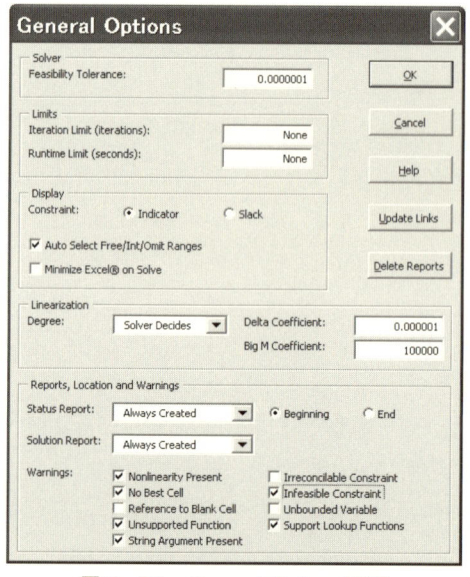

図5・20　General Options 画面

「Status Report」では「Always Created」が選ばれている．実行後，何か問題が起きれば，「Status」というタブ名を持ったシートに，その内容が表示される．「Solution Report」はデフォルトでは選ばれていないが，「Always Created」を選択しておくと，より詳しい解の情報が「Solution」というタブ名のシートに出力されるので，必ずチェックを入れておこう．「Open Status Onl(y) On error」は，エラーが発生した時のみ「Status Report」が表示される．「Beginnin(g)」が選ばれているが，「Reports」と「Solution」シートがモデルシートの前に表示される．「End」を選ぶと，モデルのシートの後にこれらが表示される．

(3) Help

[WB!] → [Help] をクリックすると，図5・21のように，Helpの下に10個のメニューがある．[Sample Models] を選ぶと，サンプルモデルの一覧が表示される．[VBA Interface] は，Visual Basicでもって，WB!の最適化の機能を組み込んだアプリケーションを開発するためのマニュアルである．

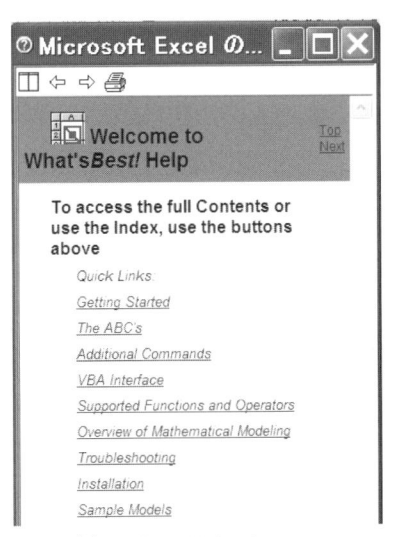

図5・21　Help メニュー

5・7 注意点

　What's Best! では，読者がモデル作成を間違うことによるトラブルのほか，次のトラブルが発生する場合がある．Excel にはさまざまな版がある．WB! が現在インストールされている読者の版とモデルを作成した筆者の版が異なる場合，図5・22のように「#REF!」の参照エラーが表示される．この場合は，図5・20のOptions 画面で「Update Links」をクリックして修正して欲しい．また，雛形モデルを格納するフォルダーは、Cの下にした方がよい．長いパス名に日本語が含まれるとエラーになる。

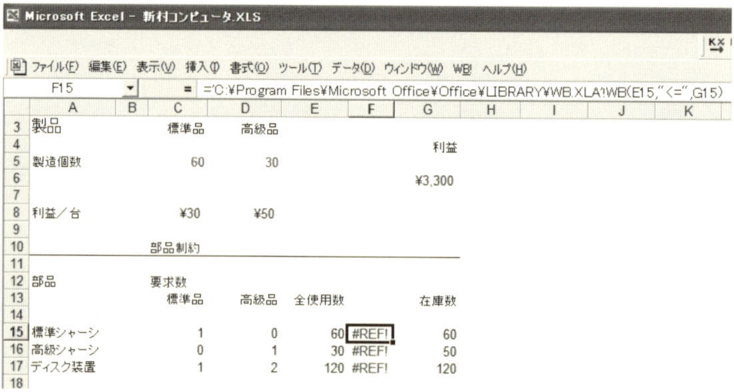

図5・22　トラブル画面

5・8 実際に自分でやってみよう

　以上の手順がわかったら，図5・23の「502 新村コンピュータ.XLS」を入力して，自分で実際に ABC と S をもう一度おさらいしてみよう．このフォルダは，本書で紹介するモデルの見出しと固定数値のみが入っている．読者は，自分の理解度をチェックする意味で，必要な式を入れた後，ABC でモデルを定義し，実行してみよう．もし解が異なるなら，元のモデルと比較してどこが異なっているか調べてみよう．

	A	B	C	D	E	F	G
3	製品		標準品	デラックス			
4							利益
5	製造個数						
6							
7							
8	利益／台		¥30	¥50			
9							
10			部品制約				
11							
12	部品		要求数				
13			標準品	デラックス		全使用数	在庫数
14							
15	標準シャーシ		1	0			60
16	豪華シャーシ		0	1			50
17	ディスク装置		1	2			120
18							

図5・23　502新村コンピュータ.XLS

5・9　ある思い出

　数理計画法といったって，随分と簡単なことがわかっていただけただろう．

　1995年前後に，東京理科大学の会計学の教授から女子大生の卒論の計算サポートを依頼された．5年間の機械設備の更新に関するかなり複雑な問題である．なんと，整数変数を持つ非線形最適化の問題だ．本人は，数理計画法について深く知っているわけではなかった．GINOの使い方を教えたら，2日間で答えを見つけてしまった．

　その後，ニッコリ笑って，「よかった！　これで卒業できる．理工学部の数理計画法の専門家に見せたら，こんな難しいモデル，ソフトで解けないよ！」と言われたそうだ．

　この時点から，世の中変わってきていたのだろう．

6 物をまぜあわせる

　配合問題は，石油，化学，鉄鋼，酪農や養鶏，など産業界で広く使われているモデルである．私は，日本の製造業を支えている中小の金型メーカー向けに，金型の原材料の配合問題に適用できないかと夢想している．

　また，配合問題は数理計画法を理解するのにわかりやすいモデルである．ここで紹介する事例は，実際の鉄鋼業から相談された問題である．最初に相談された問題は，実行可能解がないものである．解がない場合，どう対応するか重要な点に始めて触れた教科書でないかと思う．

　この問題を大規模な問題に拡張するには，計算式や制約式の入ったセルをコピーすればよい．また，『魔法の学問による問題解決学』の4章で，Excel上にデータさえ準備すれば，モデルの変更に影響を受けない「汎用モデル」を紹介している．大学で教えたことが，すぐに社会に出て応用できることが重要だ．

6・1　線形計画法の現実の問題への適用

　LPの代表的な問題である配合問題を例にして，線形計画法を考えてみよう．

　配合は，物と物をブレンディングすることだ．産業活動で重要な役割を果たしている．例えば，鉄鋼業では原鉱石やコークスなどから各種鋼材を作り，石油産業では種類の異なる原油から各種石油製品を作る．食品業では種々の食材を混ぜ合わせ，酪農と養鶏では一定の栄養価を持つ配合飼料を作る，栄養計算では患者に必要な栄養素を含んだ食事を作る，などである．

　ここでは1990年代に，ある鉄鋼会社から実際に相談を受けた現実の問題を考える．この会社は，大手鉄鋼会社の2次協力会社のようだ．それまで，最終製品の決められた品質（制約条件）に合うよう原材料を経験と勘に頼って配合していた．そして，数理計画法の存在を知り，それを用いれば使用原材料費を最小化できることを知り，電話とFAXで相談にみえた．その時感じたことは，日本の鉄鋼会社は数理計画法の大ユーザーなのに，子会社や孫会社までその技術がいきわ

(1) 配合問題

この鉄鋼メーカーでは，従来LPを使わないで勘に頼って生産計画をたてていた．その1つが，表6・1に示す11個の原材料を用いて，ある製品を作る場合である．この原材料を用いて最小の費用で，最終製品に含まれる銅をはじめとする6種類の成分量が，表の上下限値の範囲に入るような原材料の混合比率をLPで決めたい．下限と上限が逆のほうがよいが，もらった資料のとおりにしてある．

銅とかシリコンが出てきて，私に関係ないと思っているそこのお嬢さん，この表は栄養素の成分表とそっくりでしょう．原材料は食材，含有成分は食材に含まれる栄養素に置き換えて考えれば，献立の問題になる．

表6・1 11個の原材料の成分表

	含有成分	Cu	Si	Fe	Zn	Mn	Mg
	下限	1.8	10.8	0.88	1.6	0	0.34
	上限	2.2	11.2	0.9	1.8	0.3	0.35
原材料	単価（千円）						
X1	275	1.4	3.3	0.7	1.5	0.2	0.8
X2	275	2.5	8	0.8	4.5	0.2	0.3
X3	285	2.5	7.7	0.9	0.9	0.18	0.19
X4	285	2.5	9.5	0.9	0.9	0.18	0.09
X5	185	2.5	9.3	0.95	0.93	0.18	0.09
X6	235	2.3	8.4	0.8	3	0.21	1.4
X7	235	2.5	9	0.9	0	0	0
X8	260	0.2	0.2	0.5	0	0.5	0
X9	290	98	0	0	0	0	0
X10	340	0	97	0.5	0	0	0
X11	255	4	0.5	0.5	0.1	0.5	0.5

(2) 定式化

まず，Aステップで決定変数（修正可能セル）を決めよう．

原材料1から原材料11までの最終製品における配合比率を，X1からX11の11個の決定変数で示す．決定変数は，What's Best!では，1つのAdjustableセルに対応する．これらの配合比率の間には，X1+X2+X3+…+X11=1の関係

がある．あるいは，百分率で考えて X1+X2+X3+…+X11=100 のようにしてもよい．さらに実際に 150 トン作りたいのであれば X1+X2+X3+…+X11=150 のようになる．これが，C ステップで考える，最初の等式制約になる．

次に考える制約式は，最終製品に含まれる銅が，1.8（重量，単位不明なので kg とする）から 2.2kg の間になければいけないという制約だ．原材料 X1 には 1.4kg の銅が含まれており，X2 には 2.5 kg の銅が含まれている．実際に用いる比率は決まっていないが，これらの原材料を表す決定変数を用いれば，最終製品に含まれる銅の重量は 1.4X1+2.5X2+…+4.0X11 の式になる．そして，次の2つの不等式制約が銅に関する制約になる．

$1.4X1+2.5X2+…+4.0X11 \geqq 1.8$

$1.4X1+2.5X2+…+4.0X11 \leqq 2.2$

もちろん，このままでもよいが，次のように新しい決定変数 CU を導入してもよい．

$CU=1.4X1+2.5X2+…+4.0X11$ なので

$1.4X1+2.5X2+…+4.0X11-CU=0$

この場合，上の制約条件は「CU ≧ 1.8 と CU ≦ 2.2」のようになる．このような定式化によってモデルはすっきりした．しかし，決定変数が1個と等式制約が1個増えたことになる．同じようにして，シリコンからマグネシウムまでの制約式を表そう．最後にこの会社では，親会社との関係で，原材料 X3 を 35% 使用する必要がある．これは，親会社から供給されていて，使わなければいけない原材料であり等式制約（X3=0.35）で表される．

以上が制約条件だ．なにも，難しいことはないだろう．決定変数は資源や経済活動を表し，これらが負にならないので決定変数の非負条件は暗黙の了解事項であり指定する必要は無い．ただし，株の売りと買い，輸入代金と輸出代金などを1つの変数として考えれば，正にも負にもなる．このような変数を自由変数という．

数理計画法のプログラムには，決定変数は非負しか扱えないものがある．この場合，変数 X を自由変数にするには，新しい非負の決定変数 X1 と X2 でもって，X=X1−X2（X1, X2 は非負で，X が正の時は X1>0 で X2=0，X が負の時は X1=0 で X2>0 になる）のような等式制約におきかえればよい．ただし，What's Best! では，「Adjustable」で X を「Make Adjustable & Free Or Remove Free」に指定すればよいので置き換えは不要である．

さて，最後に B ステップの目的関数を考えよう．X1 の単価が 275 円で，X11

の単価が 255 円だ．最終製品の原材料費は次の式になる．

$275X1+275X2+\cdots+255X11$

この値を，すでにみた制約条件を満たす範囲内で，最小にしたい．

(3) LINGO でのモデル化

さて，上で述べたことを LINGO の自然表記でモデル化すると，次のようになる．モデル化といっても，ほぼ式の通り，自然な表記で表されるので，説明の必要もないほどだ（LINGO601.lg4）．

```
MODEL:
[_1] MIN= 275 * X1 + 275 * X2 + 285 * X3 + 285 * X4 + 185 * X5 + 235 * X6
 + 235 *X7 + 260 * X8 + 290 * X9 + 340 * X10 + 255 * X11 ;
[_2] 1.4 * X1 + 2.5 * X2 + 2.5 * X3 + 2.5 * X4 + 2.5 * X5 + 2.3 * X6 +
2.5 * X7 +0.2 * X8 + 98 * X9 + 4 * X11 - CU = 0 ;
[_3] 3.3 * X1 + 8 * X2 + 7.7 * X3 + 9.5 * X4 + 9.3 * X5 + 8.4 * X6 +9 *
X7 + 0.2 * X8 + 97 * X10 + 0.5 * X11 - SI = 0 ;
[_4] 0.7 * X1 + 0.8 * X2 + 0.9 * X3 + 0.9 * X4 + 0.95 * X5 + 0.8 * X6 +
0.9 * X7 +0.5 * X8 + 0.5 * X10 + 0.5 * X11 - FE = 0 ;
[_5] 1.5 * X1 + 4.5 * X2 + 0.9 * X3 + 0.9 * X4 + 0.93 * X5 + 3 * X6 + 0.1
 * X11 - ZN = 0 ;
    [_6] 0.2 * X1 + 0.2 * X2 + 0.18 * X3 + 0.18 * X4 + 0.18 * X5 + 0.21 *
X6 + 0.5 * X8 + 0.5 * X11 - MN = 0 ;
    [_7] 0.8 * X1 + 0.3 * X2 + 0.19 * X3 + 0.09 * X4 + 0.09 * X5 + 1.4 * X6
 + 0.5 * X11 - MG = 0 ;
    [_8] CU >= 1.8 ;
    [_9] CU <= 2.2 ;
    [_10] SI >= 10.8 ;
    [_11] SI <= 11.2 ;
    [_12] FE >= 0.88 ;
    [_13] FE <= 0.9 ;
    [_14] ZN >= 1.6 ;
    [_15] ZN <= 1.8 ;
    [_16] MN >= 0 ;
    [_17] MN <= 0.3 ;
    [_18] MG >= 0.34 ;
    [_19] MG <= 0.35 ;
    [_20] X1 + X2 + X3 + X4 + X5 + X6 + X7 + X8 + X9 + X10 + X11 = 1 ;
    [_21] X3  = 0.35 ;
    END
```

モデルの登録は「MODEL:」で始まり「END」で終わる．MIN（MAX）の等号の右側に目的関数を入力する．目的関数や制約式は，複数の行にまたがっていてもよい．この後の行に，制約式を入力すればよい．制約条件名は番号（_ をつける）でも，英文字でもよい．また，省いてもよい．省けば，目的関数を1番目として，真の制約条件を2番から数えたものが自動的にとられる．制約条件の終わりは END である．

END でモデル作成が終わった後に，Solve コマンドで計算すると解が無い（Infeasible，または No feasible solution）ことが分かる．モデルの画面を表示した後，LINGO → Debug を行うと次のメッセージが出る．

```
Constraints and bounds that cause an infeasibility:
Sufficient Rows:
(Dropping any sufficient row will make the model feasible.)
 [_2] 1.4 * X1 + 2.5 * X2 + 2.5 * X4 + 2.5 * X5 + 2.3 * X6 + 2.5 * X7 +
 0.2 * X8 + 98 * X9 + 4 * X11 - CU = - 0.875 ;
 [_4] 0.7 * X1 + 0.8 * X2 + 0.9 * X4 + 0.95 * X5 + 0.8 * X6 + 0.9 * X7 +
 0.5 * X8 + 0.5 * X10 + 0.5 * X11 - FE = - 0.315 ;
 [_20] X1 + X2 + X4 + X5 + X6 + X7 + X8 + X9 + X10 + X11 = 0.65 ;
 [_9] CU <= 2.2 ;
 [_12] FE >= 0.88 ;
```

ここで少し経験が要るが，銅の上限の 2.2 が厳しいので 3 のように緩めるか，鉄（Fe）の下限の 0.88 を 0.8 のように緩めることで，実行可能領域が得られる．

What's Best! では，MAX（あるいは MIN）から END までの目的関数と制約条件がセルに指定される．そして，SOLVE で実行することになる．

(4) What's Best! で定式化する

さて，LINGO で定式化されたモデルを What's Best! で定式化してみよう．読者は，「601 配合問題.XLS」を入力してみよう．図 6・1 のシートには，既に「A1:H15」のセル範囲に，表 6・1 のデータが入力してある．

A：修正可能セルの設定

何をやっていいか分からない人は，ABC の合言葉を思い出そう．最適化によって変わりうる修正可能セルを決めてやることだ．この例では，各原材料の配合比率である．そこで図 6・1 のように，「I5:I15」に原材料 X1 から X11 の配合比

率を表す0を入れる．その後で，[WB!] → [Adjustable] を選んで，修正可能セルに設定する（Make Adjustable）．

	A	B	C	D	E	F	G	H	I
1		含有成分	Cu	Si	Fe	Zn	Mn	Mg	
2		下限	1.8	10.8	0.88	1.6	0	0.34	
3		上限	2.2	11.2	0.9	1.8	0.3	0.35	
4	材料	単価（円）							
5	×1	275	1.4	3.3	0.7	1.5	0.2	0.8	0
6	×2	275	2.5	8	0.8	4.5	0.2	0.3	0
7	×3	285	2.5	7.7	0.9	0.9	0.18	0.19	0
8	×4	285	2.5	9.5	0.9	0.9	0.18	0.09	0
9	×5	185	2.5	9.3	0.95	0.93	0.18	0.09	0
10	×6	235	2.3	8.4	0.8	3	0.21	1.4	0
11	×7	235	2.5	9	0.9	0	0	0	0
12	×8	260	0.2	0.2	0.5	0	0.5	0	0
13	×9	290	98	0	0	0	0	0	0
14	×10	340	0	97	0.5	0	0	0	0
15	×11	255	4	0.5	0.5	0.1	0.5	0.5	0
16									

図6・1　修正可能変数の設定

B：Best セルの決定

次は，Bすなわち目的関数である原材料費の設定である．これは，B列の各単価とI列の各比率を掛け合わせ，その合計を求めればよい．すなわち，次の積和（＝B5*I5＋B6*I6＋…＋B15*I15）で表される式になる．この式を「I16」をクリックして，ここに保存することにしよう．

積和の入力はExcelのメニュー［挿入］→［関数］でもって現れる図6・2の「関数の貼り付け」ダイアログボックスの，左の「関数の分類」から［すべて表示］を選んで，右の「関数名」から［SUMPRODUCT］を選ぶ．一度この関数を選ぶと「関数の分類」から［最近使用した関数］を選べばよい．

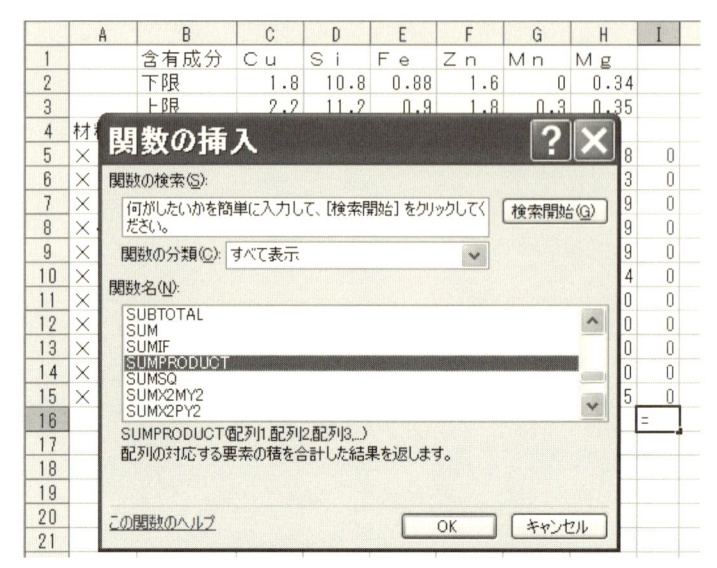

図6・2　SUMPRODUCT の選択

　[OK] すると，図6・3の「SUMPRODUCT」の指定画面が現れる．「配列1」のテキストボックスをクリックした後で，「B5:B15」の列範囲をドラッグして指定すると，「配列1」に「B5:B15」の列範囲が表示される．直接入力してもかまわない．

図6・3　列範囲の指定

　同様に，「配列2」のテキストボックスの枠の中をクリックした後，「I5:I15」の列をドラッグすれば，「配列2」に列範囲「I5:I15」が表示される．
　この後，[OK] する．そして図6・4のように「I16」のセルをクリックする

と「数式バー」に次の積和を表す計算式が入っていることがわかる．
　　　=SUMPRODUCT(B5:B15, I5:I15)
　この後，この数式の後ろをクリックして，必ずどのセルを参照しているか確認するクセをつけよう．次に，[WB!] → [Best] を選んで原材料費を最小化するため，[Minimize] を選んで [OK] すると，Bステップが完成する．

	A	B	C	D	E	F	G	H	I
1		含有成分	Cu	Si	Fe	Zn	Mn	Mg	
2		下限	1.8	10.8	0.88	1.6	0	0.34	
3		上限	2.2	11.2	0.9	1.8	0.3	0.35	
4	材料	単価（円）							
5	X1	275	1.4	3.3	0.7	1.5	0.2	0.8	0
6	X2	275	2.5	8	0.8	4.5	0.2	0.3	0
7	X3	285	2.5	7.7	0.9	0.9	0.18	0.19	0
8	X4	285	2.5	9.5	0.9	0.9	0.18	0.09	0
9	X5	185	2.5	9.3	0.95	0.93	0.18	0.09	0
10	X6	235	2.3	8.4	0.8	3	0.21	1.4	0
11	X7	235	2.5	9	0.9	0	0	0	0
12	X8	260	0.2	0.2	0.5	0	0.5	0	0
13	X9	290	98	0	0	0	0	0	0
14	X10	340	0	97	0.5	0	0	0	0
15	X11	255	4	0.5	0.5	0.1	0.5	0.5	0
16									=SUM

図6・4　目的関数の設定

C：制約式

　最後にCステップである．制約式は，1) 原材料の配合比率合計が1である，2) 6種類の含有成分がそれぞれ上限と下限に収まっている，3) X3が0.35である，の3種類である．「I4」セルを選んで，ExcelのオートSUM関数（Σ記号）をダブルクリックし，セルI5からI15をドラッグして配合比率の合計を求める．「I4」セルを選んで計算式欄の式の後ろをクリックして，正しい範囲の合計が求められているか確認しよう（図6・5）．

SUMPRODUCT　=SUM(I5:I15)

	A	B	C	D	E	F	G	H	I
1		含有成分	Ｃｕ	Ｓｉ	Ｆｅ	Ｚｎ	Ｍｎ	Ｍｇ	
2		下限	1.8	10.8	0.88	1.6	0	0.34	
3		上限	2.2	11.2	0.9	1.8	0.3	0.35	
4	材料	単価（円）							=SUM
5	×１	275	1.4	3.3	0.7	1.5	0.2	0.8	0
6	×２	275	2.5	8	0.8	4.5	0.2	0.3	0
7	×３	285	2.5	7.7	0.9	0.9	0.18	0.19	0
8	×４	285	2.5	9.5	0.9	0.9	0.18	0.09	0
9	×５	185	2.5	9.3	0.95	0.93	0.18	0.09	0
10	×６	235	2.3	8.4	0.8	3	0.21	1.4	0
11	×７	235	2.5	9	0.9	0	0	0	0
12	×８	260	0.2	0.2	0.5	0	0.5	0	0
13	×９	290	98	0	0	0	0	0	0
14	×１０	340	0	97	0.5	0	0	0	0
15	×１１	255	4	0.5	0.5	0.1	0.5	0.5	0
16									0

図６・５　比率の合計

配合比率が1という制約を「I3」に入れるためクリックする．［WB!］→［Constraints］を選んで現れる図6・6の「Constraints」画面で，「Left Hand Side（左辺）」に合計の入ったセル「I4」，「Right Hand Side（右辺）」に定数1をマニュアルで入れ，これらが等しいことを表す「=」を選び［OK］する．

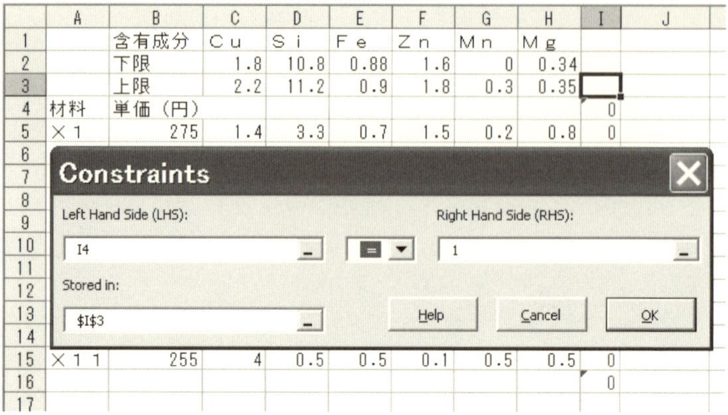

図６・６　Constraint 画面

この比較結果が「Stored in:」に「$I$3」と正しく入っていることを確認し［OK］すると，図6・7のように「I3」に「NOT=」が現れる．これは，比率の

合計が今0であり，1と比較して等しくないからである．最適化計算によって，この値が1に制約されて解かれるので，最終的には最適解があれば「＝」が表示される．さて，次に各含有成分の制約を考えよう．銅の最終製品に含まれる比率は，「C5:C15」と「I5:I15」の積和で計算できる．この時，図6・2の「関数の貼り付け」で「最近使用した関数」をクリックすると，「関数名」に「SUMPRODUCT」がすぐに表示され便利である．これを「C16」セルに置く．

=SUMPRODUCT（C5:C15;I5:I15）

ただし，「Si」から「Mg」もこれをコピーしたいので，このI列目のセル範囲を，次のように固定セルにしなければいけない．

=SUMPRODUCT(C5:C15;$I$5:$I$15)

そして，この値が「C2」セルの下限より大きいことをもう一度図6・6の「Constraints」画面を呼び出して指定し，「I17」に保管する．この時，左右のセルの比較でなく，上下のセルの比較であるので，原則としてどちらを「左側」と解釈してもよい．しかし，LINGOのモデルのように「Cu>=1.8」と定数を「右側」と決めておけばよいであろう．この場合「左側」に「C16」，「右側」に「C2」が入る．そして［>=］→［OK］する．

同じようにして，この積和が「C3」セルの上限より小さいこと（Cu<=2.2）を「Constraints」画面で指定し，「I18」に保管する．

「Si」以降は，「I16:I18」の数式をコピーすればよい．

図6・7では，銅の下限の式をチェックしている．

次に，最後の制約式X3=0.35である．これはI7のセルに0.35を入れる．そして，［WB!］→［Adjustable］でもって［Remove Adjustable（Resetと呼ぶ）］→［OK］することで0.35に固定される．これを行わないと最適計算によって，このセルの値は変わってしまう．Resetすると元の黒色になるので分かりやすい．そして図6・8の最終画面が完成する．このモデルを「602 配合問題.xls」で保管してあるので，指定方法がわからなかった読者はこれを読み込んで再確認しよう．

	A	B	C	D	E	F	G	H	I
1		含有成分	Cu	Si	Fe	Zn	Mn	Mg	
2		下限	1.8	10.8	0.88	1.6	0	0.34	
3		上限	2.2	11.2	0.9	1.8	0.3	0.35	Not =
4	材料	単価（円）							0
5	X1	275	1.4	3.3	0.7	1.5	0.2	0.8	0
6	X2	275	2.5	8	0.8	4.5	0.2	0.3	0
7	X3	285	2.5	7.7	0.9	0.9	0.18	0.19	0
8	X4	285	2.5	9.5	0.9	0.9	0.18	0.09	0
9	X5	185	2.5	9.3	0.95	0.93	0.18	0.09	0
10	X6	235	2.3	8.4	0	3	0.21	1.4	0
11	X7	235	2.5	9	0.9	0	0	0	0
12	X8	260	0.2	0.2	0.5	0	0.5	0	0
13	X9	290	98	0	0	0	0	0	0
14	X10	340	0	97	0.5	0	0	0	0
15	X11	255	4	0.5	0.5	0.1	0.5	0.5	0
16			0	0	0	0	0	0	0
17			=wb(C1	Not >=	Not >=	Not >=	=>=	Not >=	
18			<=	<=	<=	<=	<=	<=	

数式バー: `=wb(C16,">=",C2)`

図6・7 銅の下限の式のチェック

	A	B	C	D	E	F	G	H	I
1		含有成分	Cu	Si	Fe	Zn	Mn	Mg	
2		下限	1.8	10.8	0.88	1.6	0	0.34	
3		上限	2.2	11.2	0.9	1.8	0.3	0.35	Not =
4	材料	単価（円）							0.35
5	X1	275						0.8	0
6	X2	275						0.3	0
7	X3	285						0.19	0.35
8	X4	285						0.09	0
9	X5	185						0.09	0
10	X6	235						1.4	0
11	X7	235						0	0
12	X8	260						0	0
13	X9	290						0	0
14	X10	340						0	0
15	X11	255						0.5	0
16			0.875	2.695	0.315	0.315	0.063	0.067	99.75
17			Not >=	Not >=	Not >=	Not >=	>=	Not >=	
18			<=	<=	<=	<=	<=	<=	

ダイアログ: Adjustable — Remove Adjustable — Refers To: $I$7 — Help / Cancel / OK

図6・8 最終画面

6・2 さて実行してみると

(1) オプションの指定

[WB!] → [Options] → [General] すると，図 5・20 の「General Options」ウィンドウが現れる．ここで，「Reports, Location and Warnings」欄で計算結果の状況を分析した Status Report と双対価格などのより詳しい情報を含んだ Solution Report を「Always Created」すなわち必ず表示するように指定しておこう．また，「Infeasible Constraint」がチェックしてあるものとする．

(2) Status Report で解の状態を知る

[WB!] → [Solve] で実行すると，実行可解が無いことが分かる．Excel 画面の下に「WB Status」，「WB! Solution」と「配合問題」の3つのシートがあり，図 6・9 は「WB! Status」シートである．

```
What'sBest!∋ 9.0.3.3 (Sep 08, 2008) - Library 5.0.1.307 - Status Report -

 DATE GENERATED: Oct 08, 2008     11:29 AM
   MODEL INFORMATION:
     CLASSIFICATION DATA           Current    Capacity Limits
     ---------------------------------------------------
     Numerics                        137
     Variables                        31
     Adjustables                      10             300
    Constraints                       13             150
     Integers/Binaries               0/0              30
     Nonlinears                        0              30
     Coefficients                    100
     Minimum coefficient value:      0.063  on <RHS>
     Minimum coefficient in formula: 配合問題 !G16
     Maximum coefficient value:      340    on 配合問題 !I14
     Maximum coefficient in formula: 配合問題 !I16
   MODEL TYPE:              Linear
   SOLUTION STATUS:         INFEASIBLE
   DIRECTION:               Minimize
   ***WARNING***
     List of infeasible constraint cells:
```

```
配合問題!I3        配合問題!E17        配合問題!C18

End of Report
```

図6・9　WB! Status 画面

　5行目以下に，モデルに関する情報がある．数値セルは137個ある．これは条件式以外の数値が入っているセルの数である．修正可能セルは11個の原材料の配合比率のうちX3を固定したので10個になる．制約式は各成分の上下限値の12個とセルI3にある組み入れ比率の合計13個である．整数変数と非線形セルは0個であることを示す．その下にあるモデルタイプがLINEARすなわち線形計画法のモデルであることを示す．トラブルが起きた時，自分の意図するモデルのサイズとモデルタイプが正しいか否かをチェックすればよい．

　よく間違うのは，最適化に無関係な数値がある場合，これもモデルの数値とカウントされるので，最適化計算と無関係なものは，［WB1］→［Advanced］→［Omit］で分析対象から省く必要がある．

　次のチェックはモデルに含まれる係数の最小値と最大値である．この比は現在 $340/0.063=5396.8$ である．この比が 10^6 以上になると数値計算上問題が起きることもあるので，その場合は係数の単位を変えて差を縮めた方が良いだろう．モデルタイプの上にどのセルが最小か最大であるかを示している．

　「SOLUTION STATUS: INFEASIBLE」のメッセージは，このモデルの制約条件にあう解がないということである．最適解があれば，「FEASIBLE SOLUTION FOUND」というメッセージが表示される．表の最後に「****WARNING****」が出力されていて，セルI3，E17，C18のどこかに問題があることが分かる．

　「配合問題」のタブをクリックすると，図6・10の画面に切りかわる．

　この図において，C16には2.208が入っていて銅の上限を越えた値になっている．この結果，「C17」の制約条件が「>=」，「C18」の制約条件が「Not<=」になっていることを表わす．「>=」は，「C16> 下限値（1.8）」を表す．すなわち，紛らわしいがWB!の「>=」または「<=」は，数学的には「>」または「<」を表す．WB!の「=<=」または「=>=」は等号を表している．

　そこで，セルC3の上限値2.2を例えば2.5にすれば，実行可能領域が得られるこをを示す．あるいは，E17の下限値0.88を例えば0.8に変更すれば実行可能解が得られる．

	A	B	C	D	E	F	G	H	I
1		含有成分	Cu	Si	Fe	Zn	Mn	Mg	
2		下限	1.8	10.8	0.88	1.6	0	0.34	
3		上限	2.2	11.2	0.9	1.8	0.3	0.35	=
4	材料	単価(円)							1
5	×1	275	1.4	3.3	0.7	1.5	0.2	0.8	0
6	×2	275	2.5	8	0.8	4.5	0.2	0.3	0
7	×3	285	2.5	7.7	0.9	0.9	0.18	0.19	0.35
8	×4	285	2.5	9.5	0.9	0.9	0.18	0.09	0
9	×5	185	2.5	9.3	0.95	0.93	0.18	0.09	0.533
10	×6	235	2.3	8.4	0.8	3	0.21	1.4	0
11	×7	235	2.5	9	0.9	0	0	0	0
12	×8	260	0.2	0.2	0.5	0	0.5	0	0
13	×9	290	98	0	0	0	0	0	0
14	×10	340	0	97	0.5	0	0	0	0.117
15	×11	255	4	0.5	0.5	0.1	0.5	0.5	0
16			2.208	18.97	0.88	0.811	0.159	0.115	238.1
17			>=	>=	=>=	Not >=	>=	Not >=	
18			Not <=	Not <=	<=	<=	<=	<=	
19									

図6・10 解のない状態

ここで解がある試験問題にたけた学校秀才は，びっくりする．この会社の人は従来から勘と経験で操業しているので，解がないのは当時このモデルを解いたLINDO が間違っているのではないかといってきた．LINDO は正しいのである．

なぜこのようなことになるのだろう．残念だが，先方と詳しく議論しなかったことが悔やまれる．一般的に考えられることは，次のような点である．

・モデル作成に際し，定式化の誤り．
・表に示された値が，だいたいの値であり，厳密な値でない．

この場合は，たぶん後者であろう．定式化の誤りは，入力ミスのほか，X が 5 以上か 3 以下というような背反条件がある．この場合，次の 2 つの条件式 $X \geq 5$ と $X \leq 3$ をモデルに同時に入れてはいけない．このような二者択一は，IP の問題になる．実行可能解がないということは，このように制約条件のどこかに間違いがあるということにある．とにかくこの問題は，重要だ．なぜなら，数理計画法プログラムの試金石になる．このような小さな問題でも解けないプログラムが多いのには驚きだ．実際使う上での配慮が足りないものが多いということだろう．

(3) 最終結果

そこで，「E2」の 0.88 の下限値を思い切って「0.84」に変更して，実行可能領域を広げてもう一度 [WB!] → [Solve] を実行してみよう．これによって，図

6・11 の最終結果が求まった．X1＝0.06341，X2＝0.13714，…，X11＝0 と，X4，X7，X9，X11 の 4 個の原材料が 0 で使われていないことが分かる．

	A	B	C	D	E	F	G	H	I
1		含有成分	Cu	Si	Fe	Zn	Mn	Mg	
2		下限	1.8	10.8	0.84	1.6	0	0.34	
3		上限	2.2	11.2	0.9	1.8	0.3	0.35	=
4	材料	単価（円）							1
5	X1	275	1.4	3.3	0.7	1.5	0.2	0.8	0.06341
6	X2	275	2.5	8	0.8	4.5	0.2	0.3	0.137136
7	X3	285	2.5	7.7	0.9	0.9	0.18	0.19	0.35
8	X4	285	2.5	9.5	0.9	0.9	0.18	0.09	
9	X5	185	2.5	9.3	0.95	0.93	0.18	0.09	0.249019
10	X6	235	2.3	8.4	0.8	3	0.21	1.4	0.113728
11	X7	235	2.5	9	0.9	0	0	0	
12	X8	260	0.2	0.2	0.5	0	0.5	0	0.046313
13	X9	290	98	0	0	0	0	0	
14	X10	340	0	97	0.5	0	0	0	0.040394
15	X11	255	4	0.5	0.5	0.1	0.5	0.5	0
16			2.2	11.2	0.84	1.6	0.194972	0.34	253.47
17			>=	>=	=>=	=>=	>=	=>=	
18			=<=	=<=	<=	<=	<=	<=	

図 6・11　最終結果

6・3　親会社にいくら請求するか

さて，ここで次の問題を考えてみよう．

問601　この会社では親会社から原材料 X3 を 35％ 使用することを要求されている．一体これに対して，親会社からいくらの対価を受け取るのが妥当であろうか．

答601　これに対する解は，どのようにすればよいだろうか．
　それは，単に X3 を 35％ 使用するという制約を取り払って，決定変数にして，実行してみればよい．「I7」のセルをクリックして，［WB］→［Adjustable］→［Make Adjustable］→［OK］する．そして，［WB］→［Solve］すると図 6・12 が出力される．

目的関数の値は，214.785 である．図 6・10 では，257.2754 であった．これと

の差の 42.4904 が，結局親会社によって拘束されることで発生する無駄な費用である．この分析結果でもって，親会社と支払いあるいは受け取り金額を冷静に交渉すればいいであろう．

	A	B	C	D	E	F	G	H	I
1		含有成分	Cu	Si	Fe	Zn	Mn	Mg	
2		下限	1.8	10.8	0.84	1.6	0	0.34	
3		上限	2.2	11.2	0.9	1.8	0.3	0.35	=
4	材料	単価(円)							1.000
5	×1	275	1.4	3.3	0.7	1.5	0.2	0.8	0.000
6	×2	275	2.5	8	0.8	4.5	0.2	0.3	0.107
7	×3	285	2.5	7.7	0.9	0.9	0.18	0.19	0.000
8	×4	285	2.5	9.5	0.9	0.9	0.18	0.09	0.000
9	×5	185	2.5	9.3	0.95	0.93	0.18	0.09	0.592
10	×6	235	2.3	8.4	0.8	3	0.21	1.4	0.189
11	×7	235	2.5	9	0.9	0	0	0	0.000
12	×8	260	0.2	0.2	0.5	0	0.5	0	0.082
13	×9	290	98	0	0	0	0	0	0.000
14	×10	340	0	97	0.5	0	0	0	0.029
15	×11	255	4	0.5	0.5	0.1	0.5	0.5	0.000
16			2.2	10.8	0.855424	1.6	0.208896	0.35	214.785
17			>=	=>=	>=	=>=	>=	>=	
18			=<=	<=	<=	<=	=<=	=<=	

図 6・12 親会社にいくら請求すべきか

7 多期間在庫管理問題

多期間在庫管理問題は，多期間にわたって発生する商品などの需要を満たすため，各期の期末在庫を次の期の期首在庫とすることで，多期間にわたる在庫費用や商品総数を最小化する問題である．同じ構造で，多期間財務問題を考えることができる．多期間にわたって資金需要がある．それらを満たす必要資金の総和を最小化することを目的とする．各期の資金の余剰は，金利をつけて次の期の資金に組み込まれる．

7・1 概略

もし製品が，限られた材料の供給や，特別あるいは高額な機械がいるとした場合，どうすればよいだろう．このような状態では，需要を満たす十分な在庫を持ち，発注や在庫費用を節約する必要がある．もし，陳腐化しやすい材料や供給制約のある材料を用いている場合も，このような問題のカテゴリーになる．図7・1の「701 多期間在庫管理.xls」を入力しよう．需要量は，セル「B5:B17」のように13期にわたって変化するものとする．

原料は3業者からセル「D19:F19」に示す単価で購入できるが，セル「D18:F18」の供給限界内で各期の需要を満たすように発注しなければいけない．

目的関数は，各期の在庫費用と発注費用の合計を最小化しなければいけない．多期間在庫（財務）問題の特徴は，前期の期末在庫（ending inventory）が当期の期首在庫になり，それに当期で購入する発注量との合計が需要を超えていなければいけないことである．もし未使用で期末在庫としてあまれば，次期の期首在庫に回される．つまり，前期の期末在庫が，当期の期首在庫になり，これによって多期間が結び付けられるという特徴を持っている．

7. 多期間在庫管理

	A	B	C	D	E	F	G	H
1	多期間在庫問題							
2				各発注量				Cost Per
3	期間	需要	条件	1	2	3	期末在庫	費用／期間
4	0						0	
5	1	100	Not <=	0	0	0	-100	(¥200)
6	2	180	Not <=	0	0	0	-280	(¥560)
7	3	220	Not <=	0	0	0	-500	(¥1,000)
8	4	150	Not <=	0	0	0	-650	(¥1,300)
9	5	100	Not <=	0	0	0	-750	(¥1,500)
10	6	200	Not <=	0	0	0	-950	(¥1,900)
11	7	250	Not <=	0	0	0	-1200	(¥2,400)
12	8	300	Not <=	0	0	0	-1500	(¥3,000)
13	9	260	Not <=	0	0	0	-1760	(¥3,520)
14	10	250	Not <=	0	0	0	-2010	(¥4,020)
15	11	240	Not <=	0	0	0	-2250	(¥4,500)
16	12	210	Not <=	0	0	0	-2460	(¥4,920)
17	13	140	Not <=	0	0	0	-2600	(¥5,200)
18		供給量		180	36	50	総費用	
19		費用／単位／供給		$100	$107	$113	(¥34,020)	
20		保持費			$2			
21								
22		供給過剰						
23		各供給元	Source	1	2	3		
24								
25		期間	1	<=	<=	<=		
26			2	<=	<=	<=		
27			3	<=	<=	<=		
28			4	<=	<=	<=		
29			5	<=	<=	<=		
30			6	<=	<=	<=		
31			7	<=	<=	<=		
32			8	<=	<=	<=		
33			9	<=	<=	<=		
34			10	<=	<=	<=		
35			11	<=	<=	<=		
36			12	<=	<=	<=		
37			13	<=	<=	<=		

図7・1　多期間在庫問題

7・2　完成したモデルを調べる

業者1は，D19の費用から，一番良い取引相手であることが分かる．しかし，13期の需要の中には180単位の上限を超えるものもあり，他の業者を利用せざるを得ない．このため，「D5：F17」の各セルに業者1，2，3への各期の発注量を決める必要がある．この39個のセルが，決定変数になる．

普通は，この後に目的関数を定義するが，この問題では，先に各種の計算式や制約条件を決める必要がある．

最初の条件は，各期の需要を満たすことである．例えば期間1の需要100は，セルG4の期首在庫と第1期に3業者への発注量の合計が，次のように100を超えている必要がある（便宜上，左辺に定数項をもってきた）．

```
=wb(B5,"<=",G4+SUM(D5:F5))
```

第2期以下も同様な制約条件が入っていることを確認してみよう．
次の式は，セル「G5:G17」に各期の期末在庫を計算する．例えば，1期の期末在庫は次のようになる．

```
=G4+SUM(D5:F5)-B5
```

3番目の式は，セル「H5:H17」に各期の発注費用と在庫費用を計算する必要がある．例えば，1期の費用は次のようになる．

```
=SUMPRODUCT($D$19:$F$19,D5:F5)+$E$20*G5
```

最後の制約条件は，セル「D25:F37」に各期の発注量が供給量の上限を超えないことを指定する必要がある．例えば，1期の業者1への発注条件は次のようになる．

```
=wb(D5,"<=",$D$18)
```

この後，目的関数が定義できる．これはセル「H5:H17」の各期の費用を合計するだけである．そして，[WB!] → [Best] で MIN を指定すればよい．

```
=SUM(H5:H17)
```

このモデルを初めて手探りで作ることは難しい．しかし，この雛形モデルを調べることで，多期間在庫問題や，多期間財務計画問題を解決できる知識が身につく．ただし，お金を扱う場合，期末在庫が，次期の期首在庫になるとき，金利分だけ増えることに注意すべきである．読者も，子供の教育資金や家のローンなど

の多期間家計問題にチャレンジしてみてほしい．

7・3 多期間在庫問題を作成してみよう

さて，次に「702 多期間在庫管理.xls」を入力して，7・2 節を読み返し，自分でモデルを完成してみよう．

A．修正可能セルの決定
修正可能セルは，各期の各業者への発注量である．セル「D5:F17」の値を 0 にして，修正可能セルに設定する．

C．制約式と計算式の指定
4 種類の異なった制約条件をあせらず冷静に順次設定してみよう．どうしても分からなければ，「701 多期間在庫管理.xls」の該当するセルを調べてみよう．

B．Best セルの定義
目的関数は，各期の費用合計 SUM（H5.H17）である．各期の費用は，その期の発注費と保管費の合計である．

さて，作成したモデルを解いてみよう．もし解が異なる場合，どこが間違ったか冷静に比較し，問題点を見つけよう．

7・4 実行してみよう

[WB!] → [Solve] すると，図 7・2 が出力される．

期間 1 から期間 5 までは費用の安い業者 1 に供給限界の 180 以下の量が発注されている．このため，1 期の発注量 140 で期末在庫が 40 発生するが，3 期の 220 の需要の不足分に当てられる．期間 6 以降は，業者 1 だけで需要を満たせないので，業者 2 と 3 への発注が必要になる．期間 5 と 6 で期末在庫が大きくなっているのは，期間 6 から 8 の需要に対応するためである．しかし，期間 9 以降は，単価の高い業者 3 にも発注することで対応していることが分かる．発注単価の安い供給元 1 へは毎期発注されている．

セル H19 に，最小の総費用 $263,836 が得られる．

	A	B	C	D	E	F	G	H
1	多期間在庫問題							
2				各発注量				
3	期間	需要	条件	1	2	3	期末在庫	費用／期間
4	0						0	
5	1	100	<=	140	0	0	40	¥14,080
6	2	180	<=	180	0	0	40	¥18,080
7	3	220	=<=	180	0	0	0	¥18,000
8	4	150	<=	180	0	0	30	¥18,060
9	5	100	<=	180	0	0	110	¥18,220
10	6	200	<=	180	36	0	126	¥22,104
11	7	250	<=	180	36	0	92	¥22,036
12	8	300	<=	180	36	0	8	¥21,868
13	9	260	=<=	180	36	36	0	¥25,920
14	10	250	=<=	180	36	34	0	¥25,694
15	11	240	=<=	180	36	24	0	¥24,564
16	12	210	=<=	180	30	0	0	¥21,210
17	13	140	=<=	140	0	0	0	¥14,000
18		供給量		180	36	50	総費用	
19		費用／単位／供給		¥100	¥107	¥113		¥263,836
20		保持費			¥2			
21								
22		供給過剰						
23		各供給元	Source	1	2	3		
24								
25		期間	1	<=	<=	<=		
26			2	=<=	<=	<=		
27			3	=<=	<=	<=		
28			4	=<=	<=	<=		
29			5	=<=	<=	<=		
30			6	=<=	=<=	<=		
31			7	=<=	=<=	<=		
32			8	=<=	=<=	<=		
33			9	=<=	=<=	<=		
34			10	=<=	=<=	<=		
35			11	=<=	=<=	<=		
36			12	=<=	<=	<=		
37			13	<=	<=	<=		

図7・2　最適解

8 輸送計画問題

8・1 概略

(1) ノードとアーク

　輸送計画問題は，一般的に PERT と同じくネットワークに関する問題として知られている．これらは通常，道路網を介した物資輸送や，パイプライン網を介した石油やガスの輸送，あるいは送電線などの電力系統図として取り扱われる．この問題の特徴は，倉庫や工場や拠点をノードといい，それらのノードを結ぶアークによって，図 8・1 のようなグラフで表せる点である．

　そして，一般にはノード 1 が入力側，ノード 2 が出力側というように方向がある場合，アークは一方通行であり，図のように矢印で表す．また，「入力の量＝出力の量」という保存関係がある．しかし，ガス管網では，一方通行や保存則は成り立たないので，非線形最適化のモデルになる．

図 8・1　ノードとアーク

(2) モデルの例

　ここでは，幾つかの工場で製造した製品を，中間倉庫，最終消費地，および販売拠点に，最小の費用で製品を輸送するための最適化問題について説明する．製造業，電力やガスなどの公益事業体，小売りチェーン，配達業者などは，ほとんどすべてが輸送計画問題のユーザーである．

　輸送モデルは，地域のネットワークを結びつけ全国規模にすると，大変大きな

モデルになる．また，他の最適化モデルと組み合わせた統合システムにすることができる．例えば輸送モデルと生産計画を組み合わせると，生産と輸送を取り扱う混合モデルになる．

私がであったオモシロイ例は，通信添削の会社が教材や試験問題の発注から印刷，受講生の自宅までの発送を扱うモデルである．

(3) 工場と倉庫の輸送

輸送問題の特徴は，送り手側の能力の限界を越えることなく受け入れ側の要求を満足して，かつ輸送費用を最小にする点である．これを製造業の例を使用しながら説明する．

ここでは，同一の製品を生産する2つの工場（F1，F2）を例に取り上げる．この製品は，3つの拠点にある倉庫（WA，WB，WC）に送られる．これらの3つの倉庫は，この製品に対する要求があり，倉庫 A は 50 単位／月，倉庫 B は 90 単位／月，倉庫 C は 80 単位／月の要求は必ず満たす必要がある．また，各工場の製造能力は，工場1（F1）は 100 単位／月，工場2（F2）は 150 単位／月と限界がある．各工場から倉庫への輸送費用は，表8・1のように異なっている．

表8・1　一単位あたりの輸送費用

輸送先	輸送元	
	工場1	工場2
倉庫 A	$200	$500
倉庫 B	$300	$400
倉庫 C	$500	$600

これらの関係をノードとアークを用いて図で表せば，図8・2のようになる．工場と倉庫がノードであり，それらを結ぶ6本の道路がアークになる．工場1から倉庫 A への道路を F1WA と表し，他の道路もこの規則に従うことにする．

8. 輸送計画　123

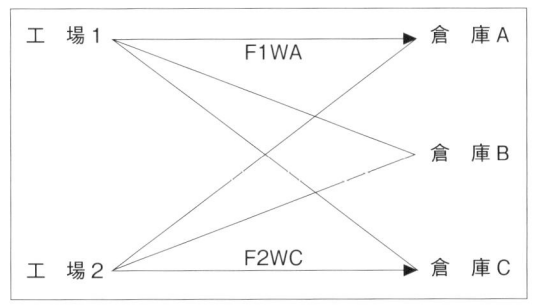

図8・2　輸送モデルの図

　最適化の目的関数セルは，工場の能力の限界を越えることなく，すべての倉庫の要求を満たし，かつ輸送費用を最小にすることである．

(4) LINGO による定式化

　上の輸送モデルを LINGO で定式化すると以下のようになる．

```
MIN=200*F1WA + 300*F1WB + 500*F1WC + 500*F2WA + 400*F2WB + 600*F2WC;
F1WA + F1WB + F1WC <= 100;
F2WA + F2WB + F2WC <= 150;
F1WA + F2WA >= 50;
F1WB + F2WB >= 90;
F1WC + F2WC >= 80;
```

　実行すると，図8・3の結果が出力される．

```
  Global optimal solution found.
  Objective VALUE:                         89000.00
  Infeasibilities:                         0.000000
  Total solver iterations:                        5
              Variable           VALUE        Reduced Cost
                  F1WA        50.00000            0.000000
                  F1WB        0.000000            0.000000
                  F1WC        50.00000            0.000000
                  F2WA        0.000000            200.0000
                  F2WB        90.00000            0.000000
                  F2WC        30.00000            0.000000
```

Row	SLACK or Surplus	Dual Price
1	89000.00	1.000000
2	0.000000	100.0000
3	30.00000	0.000000
4	0.000000	-300.0000
5	0.000000	-400.0000
6	0.000000	-600.0000

図83 「LINGO801.lg4」による輸送モデルの解

8・2 WBのモデル

最初に，図8・4の完成された「801輸送問題.xls」を入力してみよう．ここでは，すでに完成されたモデルをお手本にWBのモデル作成技術を身に着けてほしい．

	A	B	C	D	E	F	G	H	I
1	輸送費用最小化問題								
2									
3				輸送元					倉庫
4		工場1		費用(千円)	工場2		費用(千円)	需要制約	の需要
5	輸送先								
6	倉庫A	0		¥200	0		¥500	Not >=	50
7	倉庫B	0		¥300	0		¥400	Not >=	90
8	倉庫C	0		¥500	0		¥600	Not >=	80
9									
10		輸送量		供給限界	輸送量		供給限界		
11		0	<=	100	0	<=	150		
12		費用	¥0			¥0		総費用	¥0
13									

図8・4 輸送問題のワークシート

最適化のABCをどのように実行するかを，以下の手順で確認しよう．

A：修正可能セルの決定

修正可能セルは，各工場から各倉庫への輸送量（セルB6:B8およびE6:E8）である．［WB!］→［Adjustable］でもって，これらのセル範囲を指定し，修正可能セルに設定する．修正可能セルになると，数字の0が黒から青に変わる．

B：BEST セルの定義

目的関数の Best な答は，最小の輸送費用をセル I12 で計算させる．これは，2つのセル B12（工場 1 からの輸送費小計）と E12（工場 2 からの輸送費小計）の和になる．これらの費用は，各工場から各倉庫への輸送量（B6:B8 と E6:E8）と費用（D6:D8 と G6:G8）の積和になる．「B12」をクリックすると，次の式が入っていることが確認できる．

```
=SUMPRODUCT(B6:B8,D6:D8)
```

「E12」をクリックすると，工場 2 から各倉庫への輸送量を表す次の式が入っている．

```
=SUMPRODUCT(E6:E8,G6:G8)
```

C：制約式の指定

この問題の制限事項は，1）倉庫の需要要求が満足されることと，2）両工場ともその生産能力の供給限界を越えないことである．

「B11」をクリックすると，工場 1 から 3 つの倉庫への輸送量の和（=SUM(B6:B8)）が入っていることが確認できる．そして，「D11」に入った工場 1 の供給限界 100 単位との間で，「B11 ≦ D11」という制約条件が「C11」に入っている．「C11」のセルをクリックして内容を確認した後，[WB!] → [Constraints]でもって，この条件を自分で設定してみよう．工場 2 に関しては，「E11 ≦ G11」という制約式が「F11」に入っている．

S：実行してみよう

[WB!] → [Solve] を行うと，図 8・5 の解が得られる．工場 1 から各倉庫へは，50，0，50 単位送られる．輸送量の合計は 100 であり，工場 1 の生産能力（供給限界）の 100 と等しい．このような場合, What's Best! は「C11」に「=<=」と表示する．一方，工場 2 から各倉庫へは，0，90，30 単位の合計 120 単位が送られる．工場 2 は 150 単位生産できるので，「輸送量 ≦ 供給限界」の制約式では，30 の余力があり，「<=」と表示される．各倉庫の需要 50，90，80 は，H6，H7，H8 に「=>=」と表示されているので，倉庫の各需要が満たされていることがわかる．そして，セル I12 に目的関数の値として総輸送費用が ¥89,000 である

ことがわかる．一般的には，数理計画法の情報としてはこれで十分だ．より詳しい情報がほしければ次の解レポートを調べればよい．

	A	B	C	D	E	F	G	H	I
1	輸送費用最小化問題								
2									
3				輸送元					倉庫
4		工場1		費用(千円)	工場2		費用(千円)	需要制約	の需要
5	輸送先								
6	倉庫A	50		¥200	0		¥500	=>=	50
7	倉庫B	0		¥300	90		¥400	=>=	90
8	倉庫C	50		¥500	30		¥600	=>=	80
9									
10		輸送量		供給限界	輸送量		供給限界		
11		100	=<=	100	120	<=	150		
12	費用	¥35,000			¥54,000			総費用	¥89,000

図8・5 輸送モデル（1）の解（802輸送問題.xls）

8・3 解のレポートを利用する

(1) 減少費用と双対価格

図8・6は，WB! の解のレポート（Solution Report）である．4つの部分に分かれている．表8・2は，これを日本語にまとめたものである．両方を見比べてほしい．

「OBJECTIVE CELL」は，目的関数のセル「SHIPPING! I 12」の最小値が89,000（千円）であることを表している．

次は修正可能セル（ADJUSTABLE CELLS，決定変数）の情報が出力されている．「B6:B8」と「E6:E8」の工場1と工場2から各倉庫への輸送量の値，減少費用，範囲が示されている．決定変数の値や目的関数の値は図8・5にも表示される．しかし，減少費用や双対価格を得ようと思えば，DUALコマンドを使う必要がある．しかし，解レポートを利用すればその必要がなくなる．

8．輸送計画　127

```
       A                    B                   C              D                E
1  What'sBest!a 8.0 (Sep 06, 2005) - Solution Report -
3  DATE GENERATED:     Aug 23, 2008        03:53 PM
5  OBJECTIVE                           INITIAL
6  CELL                 VALUE          VALUE          TYPE
7  ------------------------------------------------------------------------
8  SHIPPING!I12         8.900000e+004  0.000000e+000  MINIMIZE
10 ADJUSTABLE                          INITIAL
11 CELLS                VALUE          VALUE     TYPE  REDUCED COST   DECREASE        INCREASE
12 ------------------------------------------------------------------------
13 SHIPPING!B6          5.000000e+001  0.000000e+000  C  0.000000e+000 +Infinity       5.000000e+001
14 SHIPPING!E6          0.000000e+000  0.000000e+000  C  2.000000e+002 5.000000e+001   3.000000e+001
15 SHIPPING!B7          0.000000e+000  0.000000e+000  C  0.000000e+000 3.000000e+001   5.000000e+001
16 SHIPPING!E7          9.000000e+001  0.000000e+000  C  0.000000e+000 +Infinity       9.000000e+001
17 SHIPPING!B8          5.000000e+001  0.000000e+000  C  0.000000e+000 +Infinity       5.000000e+001
18 SHIPPING!E8          0.000000e+000  0.000000e+000  C  0.000000e+000 +Infinity       3.000000e+001
20 B: Binary, C: Continuous, F: Free, I: Integer
22 CONSTRAINT
23 CELLS                DUAL VALUE     SLACKS         TYPE  DECREASE       INCREASE
24 ------------------------------------------------------------------------
25 SHIPPING!H6          -3.000000e+002 0.000000e+000  >=    3.000000e+001  3.000000e+001
26 SHIPPING!H7          -4.000000e+002 0.000000e+000  >=    3.000000e+001  9.000000e+001
27 SHIPPING!H8          -6.000000e+002 0.000000e+000  >=    3.000000e+001  3.000000e+001
28 SHIPPING!C11         1.000000e+002  0.000000e+000  <=    3.000000e+001  3.000000e+001
29 SHIPPING!F11         0.000000e+000  3.000000e+001  <=    3.000000e+001 +Infinity
31 FORMULAS
32 SHIPPING!H6          WB(B6+E6,">=",I6)
33 SHIPPING!H7          WB(B7+E7,">=",I7)
34 SHIPPING!H8          WB(B8+E8,">=",I8)
35 SHIPPING!C11         WB(B11,"<=",D11)
36 SHIPPING!F11         WB(E11,"<=",G11)
38 End of Report
```

図8・6　解のレポート

　減少費用は，決定変数の値が0のE6とB7を無理やり1単位用いることにすれば，最適解よりどれだけ悪くなるかを示す．すなわち，E6（工場2から倉庫Aへの輸送）を1単位行えば，輸送費用は￥89,000から￥200だけ増える．しかし，B7の減少費用は0である．1単位増やしても最小値のままである．結局，値と減少費用がともに0であれば，1単位増やすことで別の最適解が得られる．値が非負の場合，減少費用は必ず0になる．

　目的関数の係数の範囲分析はWBでは行わないことにする．最適解に選ばれる変数の組が重要になるのは，これらが計画の決定に重要な場合であろう．

　3番目は，5個の制約式に関する情報である．スラックは等式／不等式の両辺の大きな値から小さい値を引いた値である．F11が30でそれ以外は0である．すなわち，4個の制約式の左辺と右辺の値が等しいことになる．F11は工場2が150供給できるが工場2からの出荷量は120であり，30の余裕がある．双対価格は，スラックが0のものに対して，右辺定数項を1単位増やすことで，目的関数がどれだけ改善されるか（≦制約の場合）あるいは改悪されるか（≧制約の場合）の値を示す．≦制約の場合は，右辺定数項を1増やすと実行可能領域が広がり最適解は改善されるので正の値になる．≧制約の場合は，右辺定数項を1増やすと実行可能領域が狭まり最適解は改悪されるので負の値で区別して表す．例え

ばH6はF1WA+F2WA≧50を表す．F1WA=50でF2WA=0なので，50+0≧50とサープラスは0になる．WAの需要50を51にすると，実行可能領域が狭くなり，目的関数の値は300だけ悪くなる．

これに対して，制約式C11は，F1WA+F1WB+F1WC≦100である．右辺定数項100を101にすれば，輸送費は100だけ改善される．

表8・2の「範囲」は，この範囲内で，一つの制約式の右辺定数項を変えても基底解は変わらないことを示す．H6の範囲は[20, 80]であるが，WAの需要50を30減らしても，30増やしても，基底解が変わらないことを示す．F11すなわち工場2の供給限界を無限に増やしてもF2WAは0のままである．2つ以上の値を同時に変えた場合の考察は，Linus (2003) のテキストを参照してほしい．

最後には，制約式の条件式が表示されている．

表8・2 解レポート

目的関数			
I12	89000	最小化	
決定変数	値	減少費用	
B6	50	0	
E6	0	200	
B7	0	0	
E7	90	0	
B8	50	0	
E8	30	0	
制約式	スラック	双対価格	範囲	Type
H6	0	−300	[20, 80]	>=
H7	0	−400	[0, 120]	>=
H8	0	−600	[50, 110]	>=
C11	0	100	[70, 130]	<=
F11	30	0	[120, ∞]	<=
制約条件	制約式		
H6	WB(B6+E6, ">=", I6)		
H7	WB(B7+E7, ">=", I7)		
H8	WB(B8+E8, ">=", I8)		

C11	WB(B11,"<=",D11)	
F11	WB(B11,"<=",G11)	

8・4 2段階輸送問題

次に，3つの倉庫から東京，大阪，名古屋の3都市の最終需要地へ出荷するものとする．表8・2の需要と各倉庫からの輸送費が見込まれる．

表8・3 2段階輸送問題

	最終需要	倉庫Aからの輸送費	倉庫Bからの輸送費	倉庫Cからの輸送費
東京	120	100	500	400
大阪	70	500	300	90
名古屋	30	300	600	200

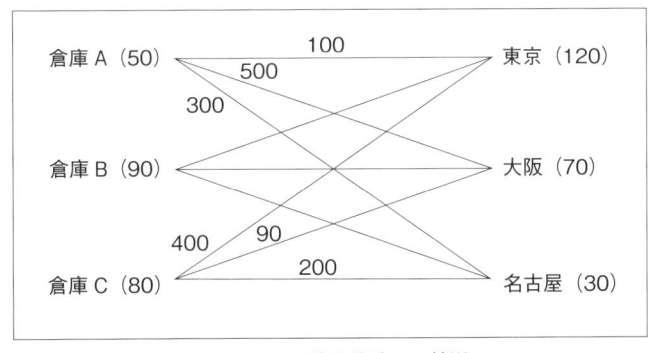

図8・7 最終消費地への輸送

これを，図8・4の下に追加すると，図8・8のようになる．

	A	B	C	D	E	F	G	H	I	J	K
1	輸送費用最小化問題										
2											
3					輸送元				倉庫		
4		工場1		費用(千円)	工場2		費用(千円)	需要制約	の需要		
5	輸送先										
6	倉庫A	0		¥200	0		¥500	Not >=	50		
7	倉庫B	0		¥300	0		¥400	Not >=	90		
8	倉庫C	0		¥500	0		¥600	Not >=	80		
9											
10		輸送量		供給限界	輸送量		供給限界				
11		0	<=	100	0	<=	150				
12	費用	¥0			¥0			費用小計	¥0		
13											
14					輸送元						都市
15		倉庫A		費用(千円)	倉庫B		費用(千円)	倉庫C	費用(千円)	需要制約	の需要
16	輸送先										
17	東京	0		¥100	0		¥500	0	¥400	Not >=	120
18	大阪	0		¥500	0		¥300	0	¥90	Not >=	70
19	名古屋	0		¥300	0		¥600	0	¥200	Not >=	30
20											
21		輸送量		供給限界	輸送量		供給限界			供給限界	
22		0	<=	50	0	<=	90	0	<=	80	
23	費用	¥0			¥0			¥0		費用小計	¥0
24										費用合計	¥0

図8・8　モデルの追加（803 輸送問題.xls）

これを実行すると，図8・9が出力される．

	A	B	C	D	E	F	G	H	I	J	K
1	輸送費用最小化問題										
2											
3					輸送元				倉庫		
4		工場1		費用(千円)	工場2		費用(千円)	需要制約	の需要		
5	輸送先										
6	倉庫A	50		¥200	0		¥500	=>=	50		
7	倉庫B	0		¥300	90		¥400	=>=	90		
8	倉庫C	50		¥500	30		¥600	=>=	80		
9											
10		輸送量		供給限界	輸送量		供給限界				
11		100	=<=	100	120	<=	150				
12	費用	¥35,000			¥54,000			費用小計	¥89,000		
13											
14					輸送元						都市
15		倉庫A		費用(千円)	倉庫B		費用(千円)	倉庫C	費用(千円)	需要制約	の需要
16	輸送先										
17	東京	50		¥100	70		¥500	0	¥400	=>=	120
18	大阪	0		¥500	20		¥300	50	¥90	=>=	70
19	名古屋	0		¥300	0		¥600	30	¥200	=>=	30
20											
21		輸送量		供給限界	輸送量		供給限界			供給限界	
22		50	=<=	50	90	=<=	90	80	=<=	80	
23	費用	¥5,000			¥41,000			¥10,500		費用小計	¥56,500
24										費用合計	¥145,500

図8・9　2段階輸送問題（804 輸送問題.xls）

このように，数理計画法のモデルは，部分モデルを個別に作成して検証を行い，最後に結合し大きなモデルにしていくことができる．

9 要員配置—望ましい割当問題の解決—

　組織における要員配置は，費用と人手がかかる．また不公平感を生じれば，モラルの低下につながる．

　ここで最初に考えるのは，古典的な要員計画問題である．1日のうち交替があり，要員を期間中に交替して回転させなければいけない．この問題は，要員を1週間7日とし，一日に3回の交替勤務させるスケジュールの作成を例にする．このモデルは少し見方を変えれば，広告宣伝の媒体選びにも利用できる．このモデルは，飛行機の乗員（クルー），病院の看護師，工場要員，通販などの電話での顧客対応要員などの領域で使用されている．昔から米国では，電話交換手など24時間勤務の職場などで実際に用いられたようだ．最近の米国では，金融の領域にも，同様のモデルを使用して，最小の費用でどのようにして必要なキャッシュ・フローを調達するのかという分析にも用いられていることがLINDO社のマニュアルで紹介されている．

　次に取り上げるのは，個々人の希望を考慮に入れた要員計画問題である．多くの企業において，複数の作業がある．スケジュール管理者は，企業の要求と個々人の希望を取り入れなければいけない．要員数が多い程，また期間が長い程，その作業は困難になる．

9・1　単純要員計画

(1) 概略

　単純要員計画における，最適化の目的は，最小の費用で必要な人材を集めることだ．一般に要員計画は，特定の条件を満足させなければならない．特定の条件とは，会社の規則や労働組合との契約によって課せられる．例えば，交替時間の最低の長さ，休憩回数，残業の限度などのことである．

①問題

この例の単純要員計画では，以下に示すように，曜日によって変化する仕事量に応じて一日の要員が120人から190人の幅をもつ問題を取り扱う．

②背景

仕事量の要求は，従業員の週休2日制度（5日の連続勤務と2日の休み）を満足しなければいけない．したがって，可能な交替は，月曜日から金曜日，火曜から土曜日，水曜日から日曜日などということになる．このモデルを定式化する鍵は，各曜日に働き始める人数を決定変数にすることである．各作業員の週給は100（千円）とする．

③目的関数セル

最適化の目的は，最小の人件費で各曜日に必要とされる人数を満足させることである．

(2) ワークシート

最初に，図9・1の「901単純要員計画.XLS」モデルを入力してみよう．図9・1のワークシートにおいてレイアウトと計算式をチェックし，どのようにこのモデルが設計されているのか考えてほしい．

	A	B	C	D	E
1	単純要因計画				
2	曜日	要員数		必要数	開始人数
3	月曜	0	Not >=	180	0
4	火曜	0	Not >=	160	0
5	水曜	0	Not >=	150	0
6	木曜	0	Not >=	160	0
7	金曜	0	Not >=	190	0
8	土曜	0	Not >=	140	0
9	日曜	0	Not >=	120	0
10				全要員数	0
11				費用	¥100
12				総費用	¥0

図9・1　単純要員計画

問901　各曜日にこの企業が必要とする人員は，どこに入っているか？
答901　月曜から日曜までの必要人数は「D3」から「D9」に入っている．

問902　決定変数は，どこに入っているか？

答902 月曜から働き始める人数が「E3」に，日曜から働き始める人数は「E9」に入っている．

問903 実際に月曜に働く人はどこに，どのような計算式が入っているか？
答903 「B3」に入っている．月曜に実際に働ける人は，週休2日制のため，火曜と水曜に働き始める人数以外を足した和である．すなわち，「B3」には次の式が入っている．

```
=E3+E6+E7+E8+E9
```

(3) ABC を行う

それでは，実際に ABC のステップを以下で確認してみよう．

A．修正可能セルの設定

このモデルの修正可能セル（セル E3 から E9）には，各曜日に5日交替制を開始する要員の数が出力される．一方，月曜に仕事を始める人数は，「B3」に「=E3+E6+E7+E8+E9」の計算式が入っている．火曜と水曜から働き始める人は，週休5日制のため，月曜には働かないことがキーになる．「B4」から「B9」に火曜から日曜に実際に働く要員数にカウントされる．

B．Best セルの定義

最適な答は，最小の人件費である．この問題では，費用は全要員数に週給を掛けた数値になる．この数値はセル「E12」に出力される．全要員数（セル E10）の計算式は，曜日ごとの開始人数の合計である．計算式は，SUM (E3:E9) である．一人当りの週給は，セル E11 にあるので，総費用（セル E12）の計算式は，E10*E11 になる．

C．制約条件の指定

この問題の制約条件は，「要員数」が「必要数」以上であることだ．この制約条件を設定しない場合，「What's Best!」の作業はとても簡単になる．最も費用のかからない答は，だれも雇わないことである．

「要員数」の隣の「列 C」に [WB!] → [Constraints] を呼び出し，セル C3 に比較条件の「=wb(B3,">=",D3)」を入力し，それを C4 から C9 にコピーする．

(4)「What If?」と「What's Best!」

多くの管理職は，このスプレッドシートで，曜日ごとに5日制の交替を開始する従業員数を経験的に見積もり，この数をセルE3からE9に入力する．何曜日かは「必要要員」を満足し，余剰要員が出るし，足りない曜日も出てくる．読者も，「開始人数」の値を調整し，余剰要員数を最小にしてみよう．すべての必要数を満足させる必要がある．スプレッドシートの総費用（セルE12）を書き留め，その中で最小なものを読者の皆さんの解決策とする．

このような試みを，「What If?」という．なかなか骨の折れる作業である．

もう少し場当たり的でなくやる方法は，すべてに32を入れてみよう．この理由は，延べ必要数は1100人・日で，これを35で割ると31.4，すなわち32人が1日の平均必要数である．これによって図9・2が表示される．

	A	B	C	D	E
1	単純要因計画				
2	曜日	要員数		必要数	開始人数
3	月曜	160	Not >=	180	32
4	火曜	160	=> >=	160	32
5	水曜	160	>=	150	32
6	木曜	160	=> >=	160	32
7	金曜	160	Not >=	190	32
8	土曜	160	>=	140	32
9	日曜	160	>=	120	32
10				全要員数	224
11				費用	¥100
12				総費用	¥22,400
13					

図9・2　What If 分析

この結果をみると，月曜は20人不足し，水曜は10人多く，金曜は30人不足し，土曜は20人多く，日曜は40人多く，月曜と金曜では必要数を満たしていないことがわかる．そして，総費用は¥22,400（千円）である．そこで月曜と金曜の要員の不足数を増やしてみよう．「What If?」分析で満足な解決策にたどりついただろうか．

	A	B	C	D	E
1	単純要因計画				
2	曜日	要員数		必要数	開始人数
3	月曜	180	=>=	180	80
4	火曜	160	=>=	160	20
5	水曜	150	=>=	150	20
6	木曜	160	=>=	160	40
7	金曜	190	=>=	190	30
8	土曜	140	=>=	140	30
9	日曜	120	=>=	120	0
10				全要員数	220
11				費用	¥100
12				総費用	¥22,000

図9・3　最適解

(5) 実行してみよう

それでは，次に［WB!］→［Solve］で最適解を求めると，図9・3が表示される．月曜から日曜迄に仕事を始める開始人数を 80，20，20，40，30，30，0 とすれば，過不足なく必要数を満たせることがわかる．全要員数は 220 人・日で総費用は¥22,000（千円）である．

(6) 減少費用と双対価格

この問題の最適な答は，従業員は5日連続勤務制の最初の日として日曜日以外の日を選択することを勧めている．要員の誰かが日曜日から木曜日という交替でしか働けない場合の費用は，E9のセルを1に固定して解くか，「What's Best!」の［WB!］－［Dual］を使用して減少費用と双対価格を求めることができる．しかし，図9・4の解レポートをみるほうが簡単だ．「E9」の減少費用は 33.3333 になっている．これは，「E9」の0の値を強制的に1にすると，最適解は 33.3333…だけ悪くなることを表している．

```
           A                    B                    C                    D
1   What'sBest!a 8.0 (Sep 06, 2005) - Solution Report -
3   DATE GENERATED:         Aug 24, 2008         01:11 PM
5   OBJECTIVE                                    INITIAL
6   CELL                    VALUE                VALUE                TYPE
7   --------------------------------------------------------------------------------
8   STAFF!E12               2.200000e+004        2.200000e+004        MINIMIZE
10  ADJUSTABLE                                   INITIAL
11  CELLS                   VALUE                VALUE        TYPE    REDUCED COST         DECREASE             INCREASE
12  --------------------------------------------------------------------------------
13  STAFF!E3                8.000000e+001        8.000000e+001   C    0.000000e+000  +Infinity           8.000000e+001
14  STAFF!E4                2.000000e+001        2.000000e+001   C    7.105427e-015  +Infinity           2.000000e+001
15  STAFF!E5                2.000000e+001        2.000000e+001   C    1.421085e-014  +Infinity           2.000000e+001
16  STAFF!E6                4.000000e+001        4.000000e+001   C    7.105427e-015  +Infinity           4.000000e+001
17  STAFF!E7                3.000000e+001        3.000000e+001   C    7.105427e-015  +Infinity           3.000000e+001
18  STAFF!E8                3.000000e+001        3.000000e+001   C    1.421085e-014  +Infinity           3.000000e+001
19  STAFF!E9                0.000000e+000        0.000000e+000   C    3.333333e+001  0.000000e+000       3.000000e+001
21  B: Binary, C: Continuous, F: Free, I: Integer
23  CONSTRAINT
24  CELLS                   DUAL VALUE           SLACKS       TYPE    DECREASE             INCREASE
25  --------------------------------------------------------------------------------
26  STAFF!C3               -3.333333e+001        0.000000e+000  >=    3.000000e+001        0.000000e+000
27  STAFF!C4                0.000000e+000        0.000000e+000  >=    0.000000e+000        3.000000e+001
28  STAFF!C5               -3.333333e+001        0.000000e+000  >=    4.500000e+001        0.000000e+000
29  STAFF!C6                0.000000e+000        0.000000e+000  >=    0.000000e+000       +Infinity
30  STAFF!C7               -3.333333e+001        0.000000e+000  >=    4.500000e+001        0.000000e+000
31  STAFF!C8               -3.333333e+001        0.000000e+000  >=    0.000000e+000        0.000000e+000
32  STAFF!C9                0.000000e+000        0.000000e+000  >=    0.000000e+000        2.000000e+001
34  FORMULAS
35  STAFF!C3                WB(B3,">=",D3)
36  STAFF!C4                WB(B4,">=",D4)
37  STAFF!C5                WB(B5,">=",D5)
38  STAFF!C6                WB(B6,">=",D6)
39  STAFF!C7                WB(B7,">=",D7)
40  STAFF!C8                WB(B8,">=",D8)
41  STAFF!C9                WB(B9,">=",D9)
```

図 9・4　解レポート

実際に数値"1"をセル E9 に入力し，[WB!] → [Adjustable] → [Remove Adjustable] で，1 をそのセルに固定することで確かめることができる．再び最適化すると，図 9・5 の出力で，22,033.3333 という値がセル E12 に出力される．これは，もし，一人が日曜日から仕事を始める場合，総費用が 33.333（千円）上昇することを表している．

	A	B	C	D	E
1	単純要因計画				
2	曜日	要員数		必要数	開始人数
3	月曜	180	=>=	180	79.33333333
4	火曜	160	=>=	160	21
5	水曜	150	=>=	150	19.33333333
6	木曜	161.67	>=	160	41
7	金曜	190	=>=	190	29.33333333
8	土曜	140	=>=	140	29.33333333
9	日曜	120	=>=	120	1
10				全要員数	220.3333333
11				費用	¥100
12				総費用	¥22,033

図 9・5　1 人の希望を取り入れる（902 単純要員計画.xls）

9. 要員配置—望ましい割当問題の解決— 137

　この最適化後，総費用は，22,033 に上昇する．この値は，セル E9 の減少費用で予測した通り，最適な答よりも 33.3333 上昇している．ここで，火曜と木曜以外は端数のある答が出てきた．月曜日から仕事を始める要員数として 79.3 人割り当ることは困難である．

　そこで，E3 から E8 を一般整数変数に指定して解くと，80，21，19，41，29，30 になり，人件費は 22,100 になる (903 単純要員計画.xls)．現実問題としては，費用は 33.333 でなく 100 増えることになる．．

(7) 変更および調整

　最近，LINDO 社に要求される要員のスケジューリング問題は，非常に複雑であるが，この問題を解決するために毎日，色々と興味深い手段を講じているそうだ．以上に示した簡単なモデルは，容易に拡張することが可能である．1 つの変更点としては，他の勤務パターンの組み合わせが考えられる．他の変更点としては，割当モデルを上記のモデルに追加し，既存の要員を異なる勤務パターンに割り当ることである．あるいは，年功序列や技術力の違いや家庭の事情などの要因も考慮した割当てを考えることができる．

(8) 日米の違い

　要員計画は日本になじむであろうか？　多分管理職が一方的に決めたり，個人ががんばってサービス残業したり，24 時間 3 交替の現場では外注まるなげであったり，一番管理手法が不在の分野でなかろうか．しかし，日本企業が国際化する場合，国境を超えた明確な規則で要員計画を立てる必要がある．また日本の多くの私立大学では，助教から教授まで入試や学期末の試験監督などを公平なルールで行う必要がある．このようなフラットな組織では，数理計画法のご宣託に任せることが望ましい．

9・2 個人の好みを取り入れる

9・2・1 概略

　新村コンピュータ㈱では仕事が増えてきて，従業員が歴代の総理と同名の中曽根氏，宮沢氏，森氏，小泉氏の4人に増えた．彼らは，日中，夕方，深夜の3勤務交替が必要である．各交替では，表9・1の最低の要員数が必要となる．各要員は指定された回数の交替をこなすが，個々人の希望も考慮することにする．さらに，仕事の性格上，各人は能率低下をきたさないよう，勤務後は2交代以上の休みを必要としている．

表9・1　ある週の必要要員数

	月	火	水	木	金	土	日
日中	2	1	1	3	1	1	1
夕刻	1	1	0	0	2	1	1
深夜	1	0	0	0	1	1	1

　4人は，1週間に5日間勤務し，彼らの個人的な希望は，望ましい順に5から1の5段階で表すことにした．
　目的関数は，表9・1の要員要求を満たした上で，個人の希望の合計を最大化することである．

9・2・2 ワークシート

　「904要員配置.xls」を開くと，図9・6の下のワークシートのタブにみるように，「Model」「割当」「好み」「制約」のように4つのタブがある．ここでシートを分けたのは，将来従業員数が増えたときに，拡張が容易に行えることに配慮したからである．

9. 要員配置―望ましい割当問題の解決― 139

(1) 画面1：管理表

	A	B	C	D	E	F	G	H	I	J	K	L
1	画面1											
2				多段階割り当て問題								
3												
4		選好度合計			0							
5												
6				月	火	水	木	金	土	日		合計
7		日中必要数		2	1	1	3	1	1	1		10
8				Not >=	Not >=	Not >=	Not >=	Not >=	Not >=	Not >=		
9												
10												
11				月	火	水	木	金	土	日		合計
12		夕方必要数		1	1	0	0	2	1	1		6
13				Not >=	Not >=	=>=	=>=	Not >=	Not >=	Not >=		
14												
15												
16				月	火	水	木	金	土	日		合計
17		深夜必要数		1	0	0	0	1	1	1		4
18				Not >=	=>=	=>=	=>=	Not >=	Not >=	Not >=		
19												
20												
21												
22												

図9・6　画面1：Model ワークシート

図9・6の画面1は，1週間の各交替に必要な要員数と制約式を示している．

7行目の「D7:J7」には月曜から日曜迄の，日中（7時から15時）に必要とされる人数が記入されていて，合計として1週間10人が必要である．「D8」をクリックすると，次の制約式が入っていることが分る．

```
=WB(割当!D3+割当!D8+割当!D13+割当!D18,">=",D7)
```

「割当！D3」は，ワークシート割当の「D3（中曽根氏が月曜の日中に働く場合は1，働かない場合は0）」を参照している．同様に，「割当！D8」は，宮沢氏が月曜の日中に働く場合は1，働かない場合は0である．すなわち，ワークシート割当の「D3+D8+D13+D18」が，このシートの「D7」の2以上である制約式になる．4人のうち，月曜の日中に2人以上が働く必要がある．現在は，これらの値は0に設定されているので，制約の「NOT>=」は要求が満たされていないことを示す．「夕方必要数」と「深夜必要数」も同じである．Best セルも E4 にある．セル E4 には，次の式が入っている．

```
=SUM(好み!L3:L5)+SUM(好み!L8:L10)+SUM(好み!L13:L15)+SUM(好み!L18:
L20)
```

最初のSUM関数は，画面3の「好みワークシート」のL3からL5の合計である．これは，中曽根氏の日中，夕方，深夜勤務の選好度合計である．すなわち，中曽根氏，宮沢氏，森氏，小泉氏の希望がかなえられた選好度の合計であり，4人の選好度合計を最大化することをねらっている．

(2) 画面2：勤務表

図9・7の画面2は，個々人の1週間の交代勤務への割当を表わしている．

中曽根氏の1週間の勤務日数は5日間である．そして，D3からJ3は日中の勤務，D4からJ4は夕方の勤務，D5からJ5は深夜の勤務である．その勤務についていれば1，ついていなければ0になるような修正可能セルになる．見かけ上は，0/1の整数計画問題であるが，後で分るように線形計画法で解くことになる．割り当て問題は，特殊なケースを除いてLPで解いても自然に整数解が求まることが多い．また，新しく作ったモデルは，整数計画法を使う必要があっても線形計画法でまず解いてみることが重用だ．実際に解のないモデルを整数計画法で定式化した場合，実行可能解が無い原因の発見が難しいからだ．

	A	B	C	D	E	F	G	H	I	J
1	画面2					割り当て				
2	氏名	勤務日数	シフト	月	火	水	木	金	土	日
3	中曽根	5	日中	0	0	0	0	0	0	0
4			夕方	0	0	0	0	0	0	0
5			深夜	0	0	0	0	0	0	0
6										
7	氏名	勤務日数	シフト	月	火	水	木	金	土	日
8	宮沢	5	日中	0	0	0	0	0	0	0
9			夕方	0	0	0	0	0	0	0
10			深夜	0	0	0	0	0	0	0
11										
12	氏名	勤務日数	シフト	月	火	水	木	金	土	日
13	森	5	日中	0	0	0	0	0	0	0
14			夕方	0	0	0	0	0	0	0
15			深夜	0	0	0	0	0	0	0
16										
17	氏名	勤務日数	シフト	月	火	水	木	金	土	日
18	小泉	5	日中	0	0	0	0	0	0	0
19			夕方	0	0	0	0	0	0	0
20			深夜	0	0	0	0	0	0	0

図9・7　画面2：割当ワークシート

9. 要員配置—望ましい割当問題の解決— 141

各人は，24時間以内に1交替しか行わないので，1週間に1人が行う勤務日数の最大値は7であるが，ここでは全員5日間にしてある．

(3) 画面3：仕事の好み

各人は，図9・8の画面3で1週間のうち最も好ましい交替を5から0までの6段階表示で入れることにした．「L3」は，中曽根氏の日中に実際に働いた場合の選好度合計で，次の積和が入っている．

```
=SUMPRODUCT(割当!D3:J3, 好み!D3:J3)
```

図9・7の割当ワークシートの「D3:J3」は，中曽根氏の月曜から日曜までの日中に働く日があれば「1」，働かなければ「0」が最適化で決められる．図9・8の好みワークシートの「D3:J3」には，中曽根氏の日中の月曜から日曜までの勤務の希望が5から0まで記入されている．結局，図9・8のL3セルは中曽根氏の日中の勤務と合致した選好度の合計である．「L4」は夕方，「L5」には深夜勤務の選好度の合計が入っている．以下の3人も同じような構造を持っている．

	A	B	C	D	E	F	G	H	I	J	K	L
1	画面3					選好度						
2	氏名		シフト	月	火	水	木	金	土	日		選好度
3		中曽根	日中	1	0	3	2	0	0	0		0
4			夕方	0	0	0	0	4	5	0		0
5			深夜	0	0	0	0	0	0	0		0
6												
7	氏名		シフト	月	火	水	木	金	土	日		選好度
8		宮沢	日中	3	2	0	0	0	0	0		0
9			夕方	0	0	1	0	0	0	0		0
10			深夜	0	0	0	0	5	4	0		0
11												
12	氏名		シフト	月	火	水	木	金	土	日		選好度
13		森	日中	5	0	3	4	0	0	0		0
14			夕方	0	0	0	0	2	1	0		0
15			深夜	0	0	0	0	0	0	0		0
16												
17	氏名		シフト	月	火	水	木	金	土	日		選好度
18		小泉	日中	0	0	5	4	3	2	1		0
19			夕方	0	0	0	0	0	0	0		0
20			深夜	0	0	0	0	0	0	0		0

図9・8 画面3：好みワークシート

(4) 画面4：制約条件

図9・9の画面4では，各人は働いた後は2交替休むよう制約してある．「D3」

をクリックすると，次の制約式が入っている．

```
=WB(SUM(割当!D3:D5),"<=",1)
```

　これは，中曽根氏が月曜の日中に働いた場合（D3が1），夕方と深夜には働かないことを表わしている．見かけ上は，「D3+D4+D5」が1以下なので，0から1の間の任意の実数が許される．しかし，特殊な場合を除いて，割り当て問題は自然に0か1の整数が解として得られることを利用している．
　もし中曽根氏が月曜の日中に働かない場合（D3が0），D4+D5=0（すなわち，D4=D5=0）かD4+D5=1（D4=1，D5=0あるいはD4=0，D5=1）の場合がある．これは，次の制約にスライドして決定される．
　次の「D4」には，次の制約式が入っている．

```
=WB(割当!D4 +割当!D5+ 割当!E3,"<=",1)
```

　これは中曽根氏が，月曜の夕方に働いた場合，月曜の深夜と火曜の日中に働かないことを制約している．このような制約条件が日曜の日中（J3）まで続く．

	A	B	C	D	E	F	G	H	I	J	K	L
1	画面4					制約条件						
2	氏名		シフト	月	火	水	木	金	土	日	シフト	
3	中曽根		日中	<=	<=	<=	<=	<=	<=	<=	Not =	
4			夕方	<=	<=	<=	<=	<=	<=			
5			深夜	<=	<=	<=	<=	<=	<=			
6												
7	氏名		シフト	月	火	水	木	金	土	日	シフト	
8	宮沢		日中	<=	<=	<=	<=	<=	<=	<=	Not =	
9			夕方	<=	<=	<=	<=	<=	<=			
10			深夜	<=	<=	<=	<=	<=	<=			
11												
12	氏名		シフト	月	火	水	木	金	土	日	シフト	
13	森		日中	<=	<=	<=	<=	<=	<=	<=	Not =	
14			夕方	<=	<=	<=	<=	<=	<=			
15			深夜	<=	<=	<=	<=	<=	<=			
16												
17	氏名		シフト	月	火	水	木	金	土	日	シフト	
18	小泉		日中	<=	<=	<=	<=	<=	<=	<=	Not =	
19			夕方	<=	<=	<=	<=	<=	<=			
20			深夜	<=	<=	<=	<=	<=	<=			

図9・9　画面4：制約ワークシート

　「J4」と「J5」に制約条件がないのは，この計画が一応1週間で完結していると考えているからである．J4に制約をつけると，次週の月曜の日中の交替まで

制約することになる．

9・2・3 ABC を行う

　モデルが，4 つのシートに分かれていると，修正可能セルや BEST セルや制約セルがどれかを見極めることに戸惑うかもしれない．この場合，［WB!］→［Locate］で現れるダイアログボックスで，「Adjustable」，「Best」，「Constraint」を選べばそれらのセルを青く表示してくれる．

A. 修正可能セルの決定
　このモデルの修正可能セルは，図 9・7 の D3:J5 と，D8:J10 と，D13:J15 と，D18:J20 である．これらは，各人への割り当てスケジュールになる．

B. Best セルの定義
　Best セルは図 9・6 の E4 に次の式が入っている．

```
=SUM(好み!L3:L5)+SUM(好み!L8:L10)+SUM(好み!L13:L15)+SUM(好み!L18:L20)
```

図 9・8 の L 列の 4 人の選好度合計の最大化である．
　これら 12 個の選好度は，さらに画面 2 と画面 3 の実際の仕事の割り当てと選好度のプロダクト積になる．例えば，L3 には次の式が入っている．すなわち，日中の「割当と好みシート」の対応するセルの積和であるが，実際に働くことになった日中の選好度の合計になる．

```
=SUMPRODUCT(割当!D3:J3,好み!D3:J3)
```

　以上見たように，多段階にわたって複数シートのセルの値を参照して目的関数が定義されるという複雑な構造になっている．

C. 制約式の指定
　制約は次の 3 通りである．
・図 9・6 の画面 1 の「D8:J8」，「D13:J13」，「D18:J18」には，1 週間の各曜日の 3 交替ごとの必要人数を満たす制約が入っている．制約式の右辺定数項には，日中，夕方，深夜の必要数を示す「D7:J7」，「D12:J12」，「D17:J17」のセルの値が入る．制約式の左辺には，図 9・7 の割当ワークシートで決まった 4 人の

勤務人数合計が入る．

例えば，月曜の日中 (D8) は，次の制約になる．4人の要員のうち右辺定数項のセル D7 の値である2人以上が働かねばならないことになる．左辺は，図 9・7 の割当ワークシートのセル D3，D8，D13 と D18 の合計で，月曜の日中に働く4人の勤務人数合計が入る．

```
=WB(割当!D3+割当!D8+割当!D13+割当!D18,">=",D7)
```

・図 9・9 の L3，L8，L13，L18 には，図 9・7 の4人の1週間の勤務日数「D3:J5」，「D8:J10」，「D13:J15」，「D18:J20」の合計が，B3，B8，B13，B18 に入った勤務日数の5に等しいという制約が入る．

例えば中曽根氏は，1週間の勤務日数「D3:J5」の合計が5であるという次の制約が入っている．5勤務しない場合には，「NOT=」が表示される．L8，L13，L18 も同様である．

```
WB(SUM(割当!D3:J5),"=",割当!B3)
```

・図 9・9 の画面 4 には勤務した後は，その後 2 交替は休むという制約が入る．
・「D3」には制約「=WB(SUM(割当!D3:D5),"<=",1)」が入っている．これは，画面 2 の小泉氏の月曜の 3 交替の合計が 1 になることを示している．これによって，月曜の日中を始まりとする 3 交替で，1回しか働けないことになる．
・「D4」には，月曜の夕刻から始まる 3 交替に対する制約「=WB(割当!D4+割当!D5+割当!E3,"<=",1)」が入る．

これでモデルを解くことができる．

9・2・4 実行してみよう

[WB!] → [Solve] で実行してみよう (905 要員配置.xls)．出力は図 9・10 から図 9・13 である．

図 9・10 の画面では，選好度合計は 50 であり，上限の 60 に比べ 10 だけ個人の希望がかなえられなかった．すなわち，選好度の 1/6 が実際の勤務に反映されなかった．これは，21 個の選択肢に対して自分の希望する上位 5 個に 5 から 1

の選好度をつけたことによるものと考えられる．例えば，5個以上の選択肢に持ち点合計の100を自由に使っても良いとするような改善も考えられる．また，これと平行し，働きたくない選択肢に負の値を入れることも考えられる．

この点に関しては，CDの「その他資料」の「8・5授業クラス編成」を参考にしてほしい．紙面の都合で割愛した部分である．

制約条件式は，すべて「=>=」であり，条件を満たしている．

	A	B	C	D	E	F	G	H	I	J	K	L	M
1		画面1											
2				多段階割り当て問題									
3													
4		選好度合計			50								
5													
6				月	火	水	木	金	土	日		合計	
7		日中必要数		2	1	1	3	1	1	1		10	
8				=>=	=>=	=>=	=>=	=>=	=>=	=>=			
9													
10													
11				月	火	水	木	金	土	日		合計	
12		夕方必要数		1	1	0	0	2	1	1		6	
13				=>=	=>=	=>=	=>=	=>=	=>=	=>=			
14													
15													
16				月	火	水	木	金	土	日		合計	
17		夜間必要数		1	0	0	1	1	1	1		4	
18				=>=	=>=	=>=	=>=	=>=	=>=	=>=			
19													

図9・10　画面1：管理表

図9・11は各人の割当表である．勤務後，2交替以上休みを取っていることが分かる．中曽根氏の日曜の夕方と深夜は1と0なので，次週の月曜の日中は0に固定する必要がある．宮沢氏は，次週の月曜の日中と夕方を0に固定する必要がある．森氏と小泉氏は，固定する必要が無い．これらは，マニュアルで毎週行う必要があり煩雑に思えるが，数理計画法モデルを制御する機能を学習すればそれほど苦になく自動化できる．

図9・12は，選好度の画面である．L3からL5には中曽根氏の日中，夕方，深夜の希望が叶えられた場合の選好度合計を表わす．選好度合計は，中曽根氏11，宮沢氏14，森氏11，小泉氏14になっている．これを実際運用する場合，全員の選好度合計の分布を調べ，できるだけ標準偏差を小さくする，選好度合計の最小値をできるだけ高くする，などの種々の基準で検討する必要があろう．

このため，複数の選好度の規則で，図9・12の値を乱数で生成し実験をしたり，テスト期間をおいて実際に各人の希望を入れて調査検討する必要があろう．

	A	B	C	D	E	F	G	H	I	J
1	画面2					割り当て				
2	氏名	勤務日数	シフト	月	火	水	木	金	土	日
3	中曽根	5	日中	0	0	0	1	0	0	0
4			夕方	1	0	0	0	1	1	1
5			深夜	0	0	0	0	0	0	0
6										
7	氏名	勤務日数	シフト	月	火	水	木	金	土	日
8	宮沢	5	日中	1	1	0	0	0	0	0
9			夕方	0	0	0	0	0	0	0
10			深夜	0	0	0	0	1	1	1
11										
12	氏名	勤務日数	シフト	月	火	水	木	金	土	日
13	森	5	日中	1	0	0	1	0	0	1
14			夕方	0	1	0	0	1	0	0
15			深夜	0	0	0	0	0	0	0
16										
17	氏名	勤務日数	シフト	月	火	水	木	金	土	日
18	小泉	5	日中	0	0	1	1	1	0	0
19			夕方	0	0	0	0	0	0	0
20			深夜	1	0	0	0	0	0	0

図9・11　画面2：割り当て表

	A	B	C	D	E	F	G	H	I	J	K	L
1	画面3					選好度						
2	氏名		シフト	月	火	水	木	金	土	日		選好度
3	中曽根		日中	1	0	3	2	0	0	0		2
4			夕方	0	0	0	0	4	5	0		9
5			深夜	0	0	0	0	0	0	0		0
6												
7	氏名		シフト	月	火	水	木	金	土	日		選好度
8	宮沢		日中	3	2	0	0	0	0	0		5
9			夕方	0	0	1	0	0	0	0		0
10			深夜	0	0	0	0	5	4	0		9
11												
12	氏名		シフト	月	火	水	木	金	土	日		選好度
13	森		日中	5	0	3	4	0	0	0		9
14			夕方	0	0	0	0	2	1	0		2
15			深夜	0	0	0	0	0	0	0		0
16												
17	氏名		シフト	月	火	水	木	金	土	日		選好度
18	小泉		日中	0	0	5	4	3	2	1		14
19			夕方	0	0	0	0	0	0	0		0
20			深夜	0	0	0	0	0	0	0		0

図9・12　画面3：選好度

　図9・13は，制約条件の画面である．すべての制約条件が満たされていることを確認してみよう．D列からI列の各制約条件は，勤務後16時間以内に勤務しないことを制限している．これを満たさない場合は，「NOT=<」が表示される．「=<=」は，その時間帯から3交替の間で勤務を行うことを示す．「<=」は，その時間帯から3交替の間で勤務がないことを示す．これは，図9・13を図9・11の結果を比較することで分かる．

L3，L8，L13，L18 の制約式は，例えば L3 には制約「=WB(SUM(割当!D3:J5),"=",割当!B3)」が入っていて，1週間の勤務回数が5回であることを示す．等号制約の場合，制約を満たせば「=」になる．

	A	B	C	D	E	F	G	H	I	J	K	L
1	画面4					制約条件						
2	氏名		シフト	月	火	水	木	金	土	日		シフト
3	中曽根		日中	=<=	<=	<=	=<=	=<=	=<=	=<=		=
4			夕方		=<=	=<=	<=	=<=	=<=			
5			深夜	<=	<=	=<=	=<=	=<=				
6												
7	氏名		シフト	月	火	水	木	金	土	日		シフト
8	宮沢		日中	=<=	<=	<=	=<=	=<=	=<=			=
9			夕方	=<=	<=	<=	=<=	=<=				
10			深夜	=<=	<=	<=	=<=	=<=				
11												
12	氏名		シフト	月	火	水	木	金	土	日		シフト
13	森		日中	=<=	=<=	<=	=<=	=<=	=<=			=
14			夕方	<=	<=	=<=	=<=	=<=				
15			深夜	=<=	<=	=<=	=<=	<=				
16												
17	氏名		シフト	月	火	水	木	金	土	日		シフト
18	小泉		日中	=<=	<=	=<=	=<=	=<=	<=			=
19			夕方	=<=	<=	<=	=<=	=<=				
20			深夜	=<=	<=	=<=	=<=	=<=				

図 9・13　画面 4：制約条件

9・3　さらなる改良

　この問題は，これで終わりで無い．選好度の与え方，ローテーションの仕方，緊急時の対応など，この結果を踏まえ合意形成を継続的に行っていく必要があろう．すなわち，Plan → Do → See が重要な問題の一つである．
　LINGO の雛形モデル（付属 CD-ROM のその他資料の「LINGO の衝撃」の 5 頁）には，全体の人件費を最小化した後，同じ条件で曜日のバラツキを補正する多段階最適化のモデルも紹介されている．

10 数理計画法による統計分析

ここでは統計の中で重要な手法である回帰分析と判別分析が，LP，QP，NLP で様々なモデルに定式化できることを紹介する．私自身 1997 年から IP を用いた誤分類数最小化基準（Minimum Misclassification Number, MMN）による判別関数の研究を行って，これまでの判別分析の理論と異なる新しくて驚くような幾つかの知見を得ている．この紹介は，別途機会があれば行いたい．

ここでいいたいことは，統計に限らず多くの理論は，数式で記述されその最適化を行っている．その場合，数理計画法ソフトで解決できる．

10・1 回帰分析

(1) 最小自乗法

線形回帰分析は，重要な変数（目的変数）y を，観測や制御が容易な p 個の説明変数 $(x_1, x_2, \cdots, x_p)$ の次の線形和で予測する場合に用いられる．

$$y = b_0 + b_1 x_1 + b_2 x_2 + \cdots + b_p x_p + e \qquad (10 \cdot 1)$$

最後の e は誤差を表す変数である．

$p = 1$ の場合が単回帰分析であり，$p \geqq 2$ の場合が重回帰分析と呼ばれている．今，観測データが表 10・1 のように n 件あるとする．

表 10・1　観測データ

	y	x_1	$\cdots$	x_p
1	y_1	x_{11}		x_{p1}
2				
$\cdots$				
n	y_n	x_{1n}	$\cdots$	x_{pn}

式 (10・1) を個々のデータで表すと次の式 (10・2) になる．

$$y_i = b_0 + b_1 x_{1i} + b_2 x_{2i} + \cdots + b_p x_{pi} + e_i \quad (i=1,\cdots,n) \quad (10\cdot 2)$$

この時,データから一次式の係数 ($b_0, b_1, b_2, \cdots, b_p$) を求めることが,回帰分析である.

そして,その代表的な回帰分析の手法が誤差の自乗和 ($\sum_{i=1}^{n} e_i^2$) を最小化する次の最小自乗法である.

$$\sum_{i=1}^{n} e_i^2 = \sum (y_i - b_0 - b_1 x_{1i} - \cdots - b_p x_{pi})^2 \quad (10\cdot 3)$$

(2) 数理計画法でモデル化する

最小自乗法を数理計画法で表すと次のようになる.

```
MODEL:
MIN=e_1^2+…+e_n^2;
   b_0+b_1x_11+b_2x_21+ … + b_px_p1 +e_1= y_1;              (10・4)
   …
   b_0+b_1x_1n+b_2x_2n+…+b_px_pn+e_n= y_n;
END
```

数理計画法では,回帰係数 ($b_0, b_1, b_2, \cdots, b_p$) と誤差 ($e_1,\cdots,e_n$) の ($n+p+1$) 個が決定変数になる. ($y, x_1, \cdots, x_p$) は,回帰分析の変数であるが,数理計画法では n 個の実際のデータとして制約式の係数になる.逆に,回帰係数が決定変数になる.

また,誤差 e は回帰分析では 1 つの変数であるが,数理計画法では n 個の決定変数 ($e_1, e_2, \cdots, e_n$) として扱うことになる.

目的関数は,この誤差の平方和 $\sum e_i^2$ を最小化することである.すなわち,最小自乗法は,QP モデルになる.

(3) LINDO による最小自乗法の定式化

第 1 世代の数理計画法ソフトの LINDO では,式 (10・4) のまま LINDO に入力しても解は得られなかった.LINDO ではこの問題をいわゆる「Karush/Kuhn/Tucker/LaGrange の 1 次の必要条件」で表して,このモデルを線形の式

に直してから入力しなければならない．すなわち，目的関数の2次関数を線形近似してLPで扱うための前準備を利用者が行う必要があった．そのため，n 個の制約式に対してLaGrangeの乗数（$L_1, \cdots, L_n$）を導入し，次の関数を考える．

$$f(x) = (e_1^2 + \cdots + e_n^2) - L_1(b_0 + x_{11}b_1 + x_{21}b_2 + \cdots + x_{p1}b_p + e_1 - y_1)$$
$$- \cdots - L_n(b_0 + x_{1n}b_1 + x_{2n}b_2 + \cdots + x_{pn}b_p + e_n - y_n)$$

そして，この関数を決定変数（$e_1, \cdots, e_n, b_0, b_1, \cdots, b_p$）で偏微分したものがみかけのLINDOの制約式になる．

例えば，e_1 に関しては次のようになる．

$$\frac{\partial}{\partial e_1} f = 2e_1 - L_1$$

b_0 に関しては，次のようになる．

$$\frac{\partial}{\partial b_0} f = -L_1 - L_2 - L_3 - \cdots - L_n$$

そして，この後には正式な制約式をつけ加える．

目的関数は，最初に決定変数，次にLaGrange乗数を形式的に書くことになる．すなわち，次のようになる．

```
MODEL:
MIN=e₁+e₂+e₃+…+eₙ+L₁+L₂+…+Lₙ;
   2*e₁-L₁>0;
   2*e₂-L₂>0
   …
   2*eₙ-Lₙ>0;
   -L₁-L₂-L₃-…-Lₙ>0;
   -x₁₁*L₁-x₁₂*L₂-…-x₁ₙ*Lₙ>0;
   …
   -xₚ₁*L₁-xₚ₂*L₂-…-xₚₙ*Lₙ>0;
   b₀+x₁₁*b₁+x₂₁*b₂+…+xₚ₁*bₚ+e₁=y₁;
   …
   b₀+x₁ₙ*b₁+x2ₙ*b₂+…+xₚₙ*bₚ+eₙ=yₙ;
END
```

このような面倒な変換を行う必要がある．しかし，What's Best! や LINGO と呼ばれるソフトを使えば実に簡単に数式の通りモデルが作成できる．ソフトウエアが利用者に代わってモデルを分析し，LP，QP，NLP，IPの解法を選択して

(4) ピタゴラスの定理

回帰分析を n 個のデータで表すと，次の n 個の連立方程式になる．

$y_1 = b_0 + b_1 x_{11} + b_2 x_{21} + \cdots + b_p x_{p1} + e_1$

$\cdots$

$y_n = b_0 + b_1 x_{1n} + b_2 x_{2n} + \cdots + b_p x_{pn} + e_n$

これを行列表記すれば，次のようになる．

$$\begin{pmatrix} y_1 \\ \vdots \\ \vdots \\ y_n \end{pmatrix} = \begin{pmatrix} 1 & x_{11} & \cdots & x_{p1} \\ \vdots & \vdots & & \vdots \\ \vdots & \vdots & & \vdots \\ 1 & x_{1n} & \cdots & x_{pn} \end{pmatrix} \begin{pmatrix} b_0 \\ b_1 \\ \vdots \\ b_p \end{pmatrix} + \begin{pmatrix} e_1 \\ \vdots \\ e_n \end{pmatrix}$$

これらを，ベクトルで表すと次のようになる．

$\boldsymbol{y} = \boldsymbol{D} * \boldsymbol{b} + \boldsymbol{e} = \hat{\boldsymbol{y}} (\boldsymbol{y} \text{の予測値}) + \boldsymbol{e}$

最小自乗法は $\sum e_i^2$ の最小化，すなわち $\boldsymbol{e}'\boldsymbol{e}$ の最小化になる．

$\boldsymbol{e} = \boldsymbol{y} - \boldsymbol{D}\boldsymbol{b} = \boldsymbol{y} - \hat{\boldsymbol{y}}$

だから

$\boldsymbol{e}'\boldsymbol{e} = (\boldsymbol{y} - \boldsymbol{D}\boldsymbol{b})'(\boldsymbol{y} - \boldsymbol{D}\boldsymbol{b})$

$= \boldsymbol{y}'\boldsymbol{y} - \boldsymbol{y}'\boldsymbol{D}\boldsymbol{b} - \boldsymbol{b}'\boldsymbol{D}'\boldsymbol{y} + \boldsymbol{b}'\boldsymbol{D}'\boldsymbol{D}\boldsymbol{b}$

$= \boldsymbol{y}'\boldsymbol{y} - 2\boldsymbol{b}'\boldsymbol{D}'\boldsymbol{y} + \boldsymbol{b}'\boldsymbol{D}'\boldsymbol{D}\boldsymbol{b} \qquad (10 \cdot 5)$

この最小値は，回帰係数 b で偏微分して 0 としたものを解けばよい．

$\dfrac{\partial}{\partial \boldsymbol{b}}(\boldsymbol{e}'\boldsymbol{e}) = -2\boldsymbol{D}'\boldsymbol{y} + 2\boldsymbol{D}'\boldsymbol{D}\boldsymbol{b} = 0$

すなわち，$\boldsymbol{b} = (\boldsymbol{D}'\boldsymbol{D})^{-1}\boldsymbol{D}'\boldsymbol{y}$ で回帰係数が求まり，これは誤差平方和を最小化する．

一方，誤差 $\boldsymbol{e}$ と $\hat{\boldsymbol{y}}$ は直交することが知られている．そして $\boldsymbol{e}'\boldsymbol{e}$ はベクトル $\boldsymbol{e}$ を一辺とする正方形の面積を表す．結局，(10・6) は「直角三角形の斜辺 $\boldsymbol{y}$ とその他の辺を $\boldsymbol{e}$ と $\hat{\boldsymbol{y}}$ の予測値とし，三平方の定理を表している」．

$\boldsymbol{e}'\boldsymbol{e} + \hat{\boldsymbol{y}}'\hat{\boldsymbol{y}} = \boldsymbol{y}'\boldsymbol{y} \qquad (10 \cdot 6)$

10・2 回帰分析をLPで解くには？

統計で一般的に用いられている最小自乗法はQPモデルになった.

それでは,LPモデルで扱うにはどうすれば良いだろうか? それが$\sum |e_i|$すなわち誤差の絶対値の和を最小化することである.絶対値をとらないで誤差の和$\sum e_i$を求めると,必ず0になってしまうからである.

このため,正にも0にも負にもなる誤差を表す変数e_iを$e_i=e_{pi}-e_{mi}$という風に,非負の変数e_{pi}とe_{mi}の差として表せば良いことが数理計画法では知られている.e_iが正であれば$e_{mi}=0$になり$e_i=e_{pi}$になる.e_iが負であれば,$e_{pi}=0$になり,$e_i=-e_{mi}$と負になる.

これによって,誤差の絶対値の和を最小化するLAV(Least Absolute Value)回帰分析が次のように定式化される.
MODEL:
MIN $= e_{p1}+e_{m1}+e_{p2}+e_{m2}+\cdots+e_{pn}+e_{mn}$;
$\quad b_0+b_1x_{11}+b_2x_{21}+\cdots+b_px_{p1}+e_{p1}-e_{m1}=y_1$; $\qquad$ (10・7)
$\quad \cdots$
$\quad b_0+b_1x_{1n}+b_2x_{2n}+\cdots+b_px_{pn}+e_{pn}-e_{mn}=y_n$;
END

10・3 L^kノルム最小化回帰分析

通常の最小自乗法は$\sum e_i^2 = \sum |e_i|^2$を最小化するモデルであった.そして,LAV回帰分析は,$\sum |e_i| = \sum |e_i|^1$を最小化するモデルである.前者を$L^2$モデル,後者を$L^1$モデルと呼ぶことにする.これを一般化して$L^k$モデル$\sum |e_i|^k$を最小化するモデルが考えられる.例えば,$L^{1.5}$すなわち$\sum |e_i|^{1.5}$は$L^1$と$L^2$の間の性格をもっているだろうか興味がわいてくる.

一般に L^k モデルは次のようになり，非線形最適化問題になる．
MODEL:
MIN $= e_{p1}^k + e_{m1}^k + \cdots + e_{pn}^k + e_{mn}^k$;
　$b_0 + b_1 x_{11} + b_2 x_{21} + \cdots + b_p x_{p1} + e_{p1} - e_{m1} = y_1$;
　…
　$b_0 + b_1 x_{11} + b_2 x_{21} + \cdots + b_p x_{p1} + e_{pn} - e_{mn} = y_n$;
END

10・4　簡単な例

ここでは次の簡単な学生の統計の成績（y）と2つの説明変数の勉強時間と支出を取り上げる．

表10・1　学生データ

学籍番号	成績	勉強時間	支出
1	90	7	3
2	65	4	6
3	50	3	7
4	40	3	10

最小自乗法によるモデルは次のようになる．

```
MODEL
MIN=e₁²+e₂²+e₃²+e₄²;
   b₀+7b₁+3b₂+e₁=90;
   b₀+4b₁+6b₂+e₂=65;
   b₀+3b₁+7b₂+e₃=50;
   b₀+3b₁+10b₂+e₄=40;
END
```

次に，LAV回帰分析のモデルは次のようになる．

```
MODEL:
MIN e_{p1}+e_{m1}+e_{p2}+e_{m2}+e_{p3}+e_{m3}+e_{p4}+e_{m4};
   b_0+7b_1+3b_2+e_{p1}-e_{m1}=90;
   b_0+4b_1+6b_2+e_{p2}-e_{m2}=65;
   b_0+3b_1+7b_2+e_{p3}-e_{m3}=50;
   b_0+3b_1+10b_2+e_{p4}-e_{m4}=40;
END
```

10・5 線形判別関数

(1) 判別分析について

　線形判別関数は，目的変数が回帰分析のように数値変数でなく，疾病の正常と異常や，入試の合格と不合格のように名義尺度（グループ）で表される．これらを外的基準といっている．外的基準が2群の場合の2群判別が基本である．多群判別の理論もあるが，余り利用されていない．3群判別であれば，3個の2群判別を考えることが多い．

　そして，説明変数の線形和 $f(x) = b_0 + b_1 x_1 + \cdots + b_p x_p$ でもって表された判別関数 $f(x)$ が，$f(x)>0$ であれば最初の群（G1群）に，$f(x)<0$ であれば2番目の群（G2群）に属すると判別する手法である．ここで，外的基準でG1のものが $f(x)<0$ であればG2群に間違って判別され，外的基準でG2のものが $f(x)>0$ であればG1群に間違って判別される．これらの数を誤分類数という．それを全体の標本数で割ったものが誤分類確率である．結局，この誤分類数あるいは誤分類確率が少ない判別関数ほど標本データで成績がよいと評価される．誤分類数が0の場合，2群は線形分離可能という．

(2) 新村の10年にわたる研究でわかったこと

　ここで $f(x)=0$ の場合，G1群とG2群のいずれに判別するかは，これまでの判別分析の研究でははっきりしなかった．
1) 仮にG1群に判別する，
2) あるいは判定保留とする，

といったいい加減な基準が用いられてきた．私の10年にわたる研究の中で判別境界の0を少しずらして（$f(x) > \pm \varepsilon$），誤分類数の少ないほうを採用すればよいことが分かった．

私は10年間，誤分類数最小化（Minimum Misclassification Number, MMN）基準を用いた線形判別関数を，IPで研究してきた．1970年代以降，数理計画法を用いた判別モデルの研究は数多く行われてきたが，それらが統計的な判別分析の理論で分かっていること以外に，何か新知見を付け加えるかという視点がなかったので，実際に判別問題に使われることはなかった．この中で，QPで定式化できるソフトマージンSVM（Support Vector Machine）は，数多くの実証研究を行っている．

(3) 簡単な事例

例えば，表10・1で60点以上を合格群，59点以下を不合格群とする．これらの各2名を勉強時間と支出の線形和で表される次の判別関数 $f(x_1, x_2) = b_0 + b_1 \times$（勉強時間）$+ b_2 \times$（支出）で判別することを考える．

そして，できるだけ合格群の2名が $f(7,3) = b_0 + 7b_1 + 3b_2 > 0$, $f(6,3) = b_0 + 6b_1 + 3b_2 > 0$ になり，不合格者の2名が $f(3,7) = b_0 + 3b_1 + 7b_2 < 0$, $f(3,10) = b_0 + 3b_1 + 10b_2 < 0$, になるような判別係数（$b_0, b_1, b_2$）を求めることである．ただし，($b_0, b_1, b_2$) をどのように決めても合格群の学生が必ず $f(x_1, x_2) > 0$，不合格群の学生が $f(x_1, x_2) < 0$ になるとは限らない．この場合，その学生は誤分類されたという．

統計における線形判別関数は，2群を正規分布と考えて誤分類確率を最小化する判別係数を求めている．数理計画法では，LPとIPとQPによる3つの大きなアプローチがある．

(4) LPによるアプローチ

G1群に属するケース x_i に対して $f(x_i) > 0$ であればG1群に正しく判別され，$f(x_i) < 0$ であれば誤分類される．この時，0を判別境界点という．あるいは $f(x) = 0$ は説明変数のデータ空間を2分割する判別超平面になる．非負の決定変数 e_i を導入し，正しく判別されれば $e_i = 0$，誤分類されれば $e_i > 0$ として次のように判別境界点を設定する．

$$f(x_i) = b_0 + b_1 x_{1i} + \cdots + b_p x_{pi} > -e_i$$

一方，G2 群に属するケース x_i に対して，$f(x_i)<0$ であれば G2 群に正しく判別され，$f(x_i)>0$ であれば誤分類されたと考える．そして e_i を用いて $f(x_i)<e_i$ として，正しく判別されれば $e_i=0$，誤分類されれば $e_i>0$ と考える．
$$f(x_i)=b_0+b_1x_{1i}+\cdots+b_px_{pi}<e_i$$
不等号の向きを G1 群と同じように（>）で表すために両辺に -1 をかけてやる．
$$-f(x_i)=-(b_0+b_1x_{1i}+\cdots+b_px_{pi})>-e_i$$
そこで，技巧的であるが，G1 群であれば $y_i=1$，G2 群であれば $y_i=-1$ になる定数を導入することで，G1 群と G2 群を次の一つの制約式で表すことができる．
$$y_if(x_i)=y_i(b_0+b_1x_{1i}+\cdots+b_px_p)>-e_i$$
そして，目的関数を誤分類されるケースの判別境界点 0 からの距離の和 Σe_i を最小化する次のモデルを考える．

MODEL:
MIN= Σe_i;
$y_i(b_0+b_1x_{1i}+\cdots+b_px_p)>-e_i$; $(i=1,\cdots,n)$
END

これによって，線形判別関数が LP でモデル化できる．しかし，これを解いても答はでない．それは，判別係数を任意に k 倍しても同じだからである．
$$b_0+b_1x_1+\cdots+b_px_p>0$$
$$k(b_0+b_1x_1+\cdots+b_px_p)>0$$
これを解決する方法としては，1) b_0, b_1, $\cdots$, b_p の一つを例えば 1 に固定する，2) $b_0^2+b_1^2+\cdots+b_p^2=1$ のような制約を課す，などが考えられる．一般的には，$b_0=1$ と固定することが一番簡単なことがわかった．

表 10・1 のデータで考えると次のようなモデルになる．

```
MODEL;
MIN=e₁+e₂+e₃+e₄;
  1+7b₁+3b₂+>-e₁;
  1+4b₁+6b₂>-e₂;
 - (1+3b₁+7b₂) >-e₃;
 - (1+3b₁+7b₂) >-e₄;
END
```

しかし，判別係数の空間と誤分類数の関係を調べていくうちに，$f(x)>0$ であれば G1 群に，$f(x)<0$ であれば G2 群と判別することは，我々が決められることでなく，当たり前のことであるがデータが決めることであることがわかった．そこで上の定式化では $b_0=-1$ と固定したモデルの両方を解いて誤分類数の少ないほうを採用しなければいけないという面倒なこともわかった．また省略するが，b_0 が任意の定数である場合の意味が説明できた．

(5) IP によるアプローチ

私は，e_i を 0/1 の整数変数とし，C を例えば 99999 のような大きな正の整数値とすることで次の誤分類数を最小化するモデルを出発点に種々のモデルを考えた．

```
MODEL
MIN=Σ e_i ;
   1+7b_1+3b_2+>-99999e_1 ;
   1+4b_1+6b_2>-99999e_2 ;
   -(1+3b_1+7b_2)>-99999e_3 ;
   -(1+3b_1+7b_2)>-99999e_4 ;
END
```

但し，e_1, e_2, e_3, e_4 は 0/1 整数変数

(6) MMN の有用性

私の 10 年間の研究でわかったことは，主として馬鹿げた基準と考えられた MMN が有用で頑強なことがわかった点である．

1) 一般に確率分布に基づかないで，標本の誤分類数を最小化する判別関数は，予測に役立たないと考えられていた．しかし，そうでないことが分かった．
2) 誤分類数と判別係数の関係が分かった．特に，判別スコアが 0 になるケースの取り扱いが分かった．
3) MMN は逐次変数増加法で選ばれるモデルで単調減少する．このため，線形分離可能な最小のデータ空間の次元が分かる．
4) 線形分離可能なデータでは，従来の統計によるモデル選択法は，必要以上の高次なモデルを選択することが分かった．

11 資産管理の科学 —ポートフォリオ分析—

11・1 ポートフォリオ分析雑感

(1) ノーベル経済学賞

1952年にハリー・M・マーコウィッツ（Harry Max Markowitz）が「株や券券のポートフォリオ選択」に関する論文を発表した．彼は，シカゴ大学の経済の大学院で博士号の申請を行った．「これは数学の論文であって，経済論文でない」というのが，多くの意見であったらしい．しかし，1976年にノーベル経済学賞を受けて，日本でも有名になったミルトマン・フリードマン教授の口添えで，彼はシカゴ大学で博士号を取得した．

この理論は永らく日の目を見なかったが，1990年にマートン・H・ミラー（シカゴ大教授），ウィリアム・F・シャープ（スタンフォード大学）ら3人と「金融経済学の理論における先駆的な貢献を讃えて」ノーベル経済学賞を受賞した．

日本人のノーベル賞好きは世界のどの国を見渡しても際立っている．私自身も，ミルトマン・フリードマンが受賞した際に出版された翻訳書やNHKの特集番組を見入ったものだ．

ノーベル賞は，ダイナマイトの発明で巨万の富を築いたスウェーデンのアルフレッド・ノーベルが，1896年にノーベル財団を設立し，1901年から物理学，化学，医学／薬学，文学，平和の5つの賞を授与することになった．

その後，スウェーデン中央銀行がノーベル経済学賞を設立し，上記の5つの賞と授与式も同時に行っている．

このため，ノーベル経済学賞に対しては批判もある．これをさらに決定的にしたのは，1997年に金融のデリバティブ手法で受賞したロバート・C・マートン（ハーバード大学）とマイロン・S・ショールズ（スタンフォード大学）が自らの理論を実践するヘッジファンド投資会社のLTCMの役員に就任し，その企業が巨額の負債を抱え倒産したことである．

しかし，ノーベル経済学賞は，経済学分野での代表的な賞であることには変わりない．1973年には，ロシア生まれでアメリカに帰化したワシーリー・レオンチェフが「投入産出モデル」で受賞した．実は，投入産出も数理計画法のモデルで解くことができる．

(2) 私とノーベル賞

実は公の場でいうのもはずかしいが，ここで人生のけじめとして告白する．私は小学校の頃から数学ができた．そこで，小学校の先生にノーベル賞のことを頭にすり込まれたようだ．そのようなことは，中学，高校へ進むにつれ現実的になり諦めるものである．しかし，大学は半分冗談でノーベル賞ねらいの京大理学部に進学した．もちろん数学賞がないことは知っていた．そして大学に入ってから始めて，数学では広中平祐さんがとった「フィールズ賞」が最高位の賞であることを知った．

同じ京大理学部卒の利根川進氏がノーベル賞を受賞した時は，彼が富山県の大沢野町（多分両親の出身地）で小学1年生から中学1年生まで過ごしたことを知ってもそれ程のインパクトはなかった．しかし，近所の田中耕一さんが受賞したことを知って，自分のことのようにうれしかった．そして，「わだばゴッホになる」といって世界の「棟方志功」になった人もいるが，「わだがノーベル賞をとる」と志したものの，意志薄弱と才能に恵まれなかった私の夢とつきものも，彼の受賞で打ち止めにしたい．

私の思いは，ホームページに「田中耕一さんの思い出」としてエッセイに載せてある．

(3) ポートフォリオ分析とは

ポートフォリオ分析とは，一種の配合問題である．例えば「100億円の資金をどの株式にどれ位の比率で投資すればリスクが一番小さくなるか」という問題になる．

ポートフォリオ理論によれば，リターン（値上り益，配当などの合計）の一番良い株式だけに投資するのでなく，リターンの悪いもの（場合によってはマイナスのもの）も適切に組み合わせれば，投資リスクが最小化できるというものである．

このことは，欧米では「1つのかごに卵を盛るな」という格言を数学的に裏付

けたものである．これは今調子がよいからといってリターンの一番大きなものだけに投資すれば，会社の不祥事，経済環境の悪化，テロなどの社会不安などで急落や紙くずになることを言っている．日本の格言には「財産三分法」がある．資産は，株，不動産，預貯金に三等分すべきという教えである．

　ポートフォリオ理論を表す格言として，さらに「虎穴に入らずんば虎児を得ず」というものもある．すなわち「ハイリスク・ハイリターン」である．高いリターンを望めばリスクも高くなり，リスクを小さくしたければリターンも少なくなるということだ．ローリスク・ローリターンの代表例として，元本の保証された預貯金や国債がある．しかし，最近では国さえも破産する．高利回りにおどらされ，アルゼンチン国債に無責任に投資し，にっちもさっちも行かなくなった地方自治体や健康保険組合の例が思い出される．

(4) 投資分析関連の仕事

　私が企業にいて LINDO 社製品を扱っていて経験した仕事を紹介しよう．

　LINDO をある中堅証券会社に販売した．12月も押し詰まって「LINDO でポートフォリオ分析の新しいシステムを開発しているが，結果がおかしい」というクレームの電話を受けた．「組み入れ比率を1にしておられるなら，100に変えて計算してください．きっと計算精度の問題でしょう」といった．すると相手は突然怒鳴りだして，「こちらは原子炉の計算にも用いられている高額な富士通の汎用機で何百万もお金をかけ，無駄をした．担当の役員を連れて行くから，こちらも担当役員が出て保障問題の話をしたい」ということである．そこで仕方なく，先方からモデルを取り寄せ，富士通機が無いので，IBM の汎用機と，UNIX機と PC で，組み入れ比率を1と100と1000に変えて計算を行った．案の定，浮動小数点方式を取っている UNIX 機と PC では組み入れ比率1で解が求まり，事務計算の IBM の汎用機では組み入れ比率1000でやっと解けた．

　同じ経験は，国内銀行大手が統計ソフトの数理計画法の機能を用いて数十億円の投資分析システムを開発していた．知人の開発責任者から「あるケースになると経験から判断して分析結果がおかしいようなので，調査してほしい」という依頼である．先方で行った幾つかのモデルをもらって LINDO と Speakeasy を使って原因の調査を行った．その結果，投資分析モデルの係数の最大値と最小値の比が 10^8 以上になると結果がすべておかしくなっていることが分かった．本来であれば数値計算上難しい問題をはらむ数理計画法の大規模モデルを，数理計画法

の専門ソフトでない統計ソフトで開発したことに問題があろう．しかし，その友人は今でもその銀行で元気でがんばっているので，さすが懐が深いと変に感心している．

11・2　簡単な例

(1) 就職の思い出

　今，機関投資家が 10 億円を IBM，NEC，住商情報システム（SCS）の 3 社へ投資することにした．これらの企業は，私の大学卒業時の就職希望企業である．IBM は私の京大の数学科の同級生が数多く受けたので，その当時初任給も高いので私も応募した．しかし，前日の水泳の疲れからか寝すごした．さらに，京都から大阪にある日本 IBM の大阪支社までの時間を大雑把に聞いていただけなので，1 時間程遅れて行ったように思う．面接官から「昨晩プレイボーイでもみていたのか」と決めつけられて落ちてしまった．教授の秘書に報告すると「よかったやないの．先生達も馬鹿や．数学科の学生を 20 人近くも IBM へ行かせるなんて，どうするの」といった．これも一種のポートフォリオ理論と同じ卓見である．女性の直感はすごいなと思った．大学院を落ちて，NEC を受けた．学部生の試験は終っていて，工学部の大学院生と同じ微積分の計算問題であった．白紙に近かったが採用された．その後，関東大地震の噂があり，後で間違いとわかったが関西は地震も少ないと思い，大学の就職のボードに残っていた SCS を受けた．淀屋辰五郎の名を残す淀屋橋に初めて降り立った．最初，間違って住友生命ビルに入っている CSK の受付にいった．そのまま入社していれば，社員持ち株制度で大金持ちになっていたか，波乱万丈の人生を繰り返していたであろう．隣に大きな住友本社ビルがあり，4 階の住友電工の受付にいって SCS の場所を聞いた．東南の鬼門の隅にあるという．やっとトイレの横にある小さな会社に行き着いた．

　私が新入社員の 1 期生で，すでに中途採用の 30 人程で半年ほど前にできたばかりの会社であった．切れ長の眼光鋭い津田直次（専務）氏に「優がほとんどなく成績が悪いのなんの」と説教された．私は当時優の意味を知らなかった．そして，ここも採用された．後日，NEC に行くことにしたので断りに行ったら，

「NECには秀才が沢山いる．私が断ってやるから」と勝手にNEC本社の人事役員に電話し，「そちらは優秀な人間ならなんぼでもいるだろう．こちらでもらっておく」という声が聞こえた．入社試験が白紙回答に近い状態で採用されるのもすっきりしないので，強引な津田さんに掛けることにした．

(2) 3社のポートフォリオモデルを考える

さて，これら3社の3年くらいの株価データがある．今週月曜の終値と先週月曜の終値との差は，1週間の値上り額である．配当金などは無視し，これらの値をリターン（利益）と呼ぶ．これによって3社の週単位のリターンの時系列が得られる．これらから，3社の平均0.3，0.2，0.08と，分散共分散行列を統計ソフトを使って求めると，次のものが得られた．

$$V = \begin{pmatrix} 3 & 1 & -0.5 \\ 1 & 2 & -0.4 \\ -0.5 & -0.4 & 1 \end{pmatrix}$$

対角線上の最初の3は，SCSの分散で，2番目の2がIBM，3番目の1がNECとする．SCSのリターンは他の2社より一番変動が大きいことを表す．1行2列と2行1列の1は，SCSとIBMの共分散を表す．すなわち，SCSとIBMのリターンはある程度連動している．1行3列と3行1列の-0.5はSCSとNECの共分散が負であることを示す．すなわち，SCSのリターンが上昇傾向にあれば，NECは下降傾向になることを示す．同様にIBMとNECも逆の傾向になる．ポートフォリオは，このような逆の傾向を示すものが重要になる．

ここで，SCS，IBM，NECへの投資比率をx, y, zとする．すなわち，$x+y+z=1$が制約式になる．この時，これらの3株式の分散は，次の式で表される．

$$(x, y, z)V(x, y, z)'$$

例えば，SCSだけに投資した場合は，リスクは3になる．

$$(1, 0, 0)\begin{pmatrix} 3 & 1 & -0.5 \\ 1 & 2 & -0.4 \\ -0.5 & -0.4 & 1 \end{pmatrix}\begin{pmatrix} 1 \\ 0 \\ 0 \end{pmatrix} = (3, 1, -0.5)\begin{pmatrix} 1 \\ 0 \\ 0 \end{pmatrix} = 3$$

同様にIBMやNECだけに投資した場合は，各社の分散は2と1になる．もし，SCSとIBMに半分ずつ投資した場合は，次のようにSCSやIBM単独に投資した3や2より少ない1.75になる．

$(0.5, 0.5, 0) V (0.5, 0.5, 0)' = (2, 1.5, -0.45)(0.5, 0.5, 0)' = 1.75$

一般に，このポートフォリオの分散は次のように，x, y, z の2次式になる．

$(x, y, z) V (x, y, z)'$
$= (3x + y - 0.5z, x + 2y - 0.4z, -0.5x - 0.4y + z)(x, y, z)'$
$= 3x^2 + xy - 0.5xy + xy + 2y^2 - 0.4yx - 0.5xz - 0.4yz + z^2$
$= 3x^2 + 2y^2 + z^2 + 2xy - xz - 0.8yz$

ポートフォリオ分析では，この2次式を最小化することを考えている．期待利益の分散が大きければ，上にふれて期待利益以上の利益が得られる反面，下にふれて期待利益よりはるか小さな利益になる．この下にふれるダウンサイド・リスクを小さくしようというわけだ．その際読者には分り切れないが，上にふれることは無視した感じになる．あるいは，リスクとはバラツキが大きいと期待利益が不確定になることを表す．

さて，制約式であるが一般には $x+y+z=1$ が最低限必要だ．そして，3社の単独の期待利益が30％，20％，8％とする．SCS単独であれば30％，IBM は20％，NEC は8％なので，ポートフォリオの期待利益は8％から30％の間になる．仮に，12％以上の期待利益が必要であれば，次の制約式を付け加えることになる．

$1.3x + 1.2y + 1.08z >= 1.12$

以上まとめると，3社への投資は次の2次計画法になる．

```
MODEL
MIN=3x²+2y²+z²+2xy-xz-0.8yz ;
   x+y+z=1 ;
   1.3x+1.2y+1.08z>=1.12;
END
```

この QP は実は多目的最適化（実は2目的最適化）になっている．すなわち，株式の分散で表されるリスク（$3x^2+2y^2+z^2+2xy-xz-0.8yz$）を最小化する基準と，リターン（$1.3x+1.2y+1.08z$）を最大化したいという2つの目的関数がある．多目的基準を解決する簡単な方法として，これらに重みをかけた加重和を求め，目的関数を見かけ単一化する方法である．詳しくは述べないが，この方法は良くないと考えている．今回のように，一方のリターンを制約に取り込んで，リスクだけを目的関数にすべきである．

このため，ポートフォリオ分析では，右辺定数項の1.12を何段階で変えて最適化を行い，リスクとリターンの組をエフィシェント・フロンティアという曲線を描いて，どの組み合わせを採用するかの方法がとられている．

(3) なぜ38年後に評価されたか？

1952年に発表された論文は，1990年になってノーベル賞を受けたのはなぜだろう．その鍵は，私の人生で最大のビジネスであった東洋信託銀行（現，三菱東京UFJ信託）の投資分析システムで説明する．同行では他の信託銀行と同じくIBMの大型汎用機で事務処理の基幹システム処理や投資分析に代表される情報系のシステム処理を行っていた．しかし，決められたスケジュールの下で行われる事務処理に計算量の大きなアドホックの投資分析の処理はなじまないので，当時全世界でIBMに次いで2番目のミニコンピュータ会社のDEC社製のVAXを導入することになった．そして，日本経済新聞社から日経NEEDSと呼ばれる株，債券などのデータを購入し，Oracleと呼ばれるDBMS（データベース管理システム）上に株・債券などのデータベースを構築した．そして，その時系列データを統計ソフトのSASで分析し，分散共分散行列を作成し，LINDOでポートフォリオ分析を行うのである．具体的な金額は言えないが，初期費用で数億単位である．私は，その当時お礼を兼ねて数百万円もしたGINO（General Interactive Optimizer）と呼ぶ非線形最適化ソルバーを無料進呈したくらいである．今日このGINOは，本書に添付のLINGOの評価版よりはるかに機能が劣ったものである．ポートフォリオ分析は，このような環境が整って初めて実現できる．

(4) 個人にとってのポートフォリオ分析

ポートフォリオ分析は，個人にとってどう役に立つだろう．
- 個人にとって，巨額な投資資金の運用のためポートフォリオ分析を行うことはできない．たとえ1億円程度の資金を持っていてもなじまないだろう．すなわち，数百億円規模の資金を運用する機関投資家に限られるからだ．これに代わるものとしては日本経済新聞社が作成した日経平均株価やTOPICSなどの指標がある．最近では，これらの指標に連動した上場投資信託（ETF）がある．仕事の忙しい社会人が，個別銘柄の選択に時間を費やすより，ETFを安いところで買って長期保有すれば多くの場合，個別銘柄より変動リスクは避けられ

るだろう．
- 私は一時期，ある事情があって全ての資金を自社株に投資していた．これは最悪のポートフォリオであろう．亡くなった父は「給料をもらっている会社，損をしていても売るな」と言っていたが，会社がつぶれれば給与がなくなる上に大事なお宝もなくなることになる．それよりも自分が就職しようと思った代替案の IBM や NEC に投資し，自分に代ってお金に働かせる方が良いだろう．
- 古くからの日本のことわざである「財産三分法」は，先人が難しい数学を使わないで，経験から割り出したポートフォリオ理論そのものだ．
- 自分は浮き沈みの激しい複数の企業を顧客として抱えている．この時は，絶好調の企業をたよりにすることは効率がよいが，この企業に何かあった時のために，他の企業にも目配せする必要があろう．すなわち，特定の一業種に特化しないことである。

11・3　LINDO から LINGO の汎用モデルへ

(1) LINDO によるポートフォリオ・モデル

このポートフォリオモデルは，LINDO では次の制約条件つきの最適化を考える．

$$f(x) = (3x^2 + 2y^2 + z^2 + 2xy - xz - 0.8yz)$$
$$\quad - L_1(x+y+z-1) - L_2(1.3x + 1.2y + 1.08z - 1.12)$$

この関数を x, y, z で偏微分する．

$$\frac{\partial}{\partial x}f = 6x + 2y - z - L_1 - 1.3L_2$$

$$\frac{\partial}{\partial y}f = 2x + 4y - z - L_1 - 1.2L_2$$

$$\frac{\partial}{\partial z}f = -x + 0.8y - 2z - L_1 - 1.08L_2$$

これらを用いて，LINDO で 2 次計画法モデルを定式化すると次の通りになる．

```
MIN X+Y+Z+L1+L2
ST
6X+2Y-Z-L1-1.3L2>0
2X+4Y-0.8Z-L1-1.2L2>0
-X-0.8Y+2Z-L1-1.08L2>0
X+Y+Z=1
1.3X+1.2Y+1.08Z>1.12
END
QCP 5
```

そして，リターンの右辺定数項の1.12を何段階かで変えてエフィシェント・フロンティア曲線を描く必要がある．

(2) LINGO による汎用モデル

実は，本書に添付の『魔法の学問による問題解決学』の6章で，汎用ポートフォリオモデルを紹介している．この場合，図11・1のExcelデータを準備するだけでエフィシェント・フロンティア曲線を描いてくれる．

	A	B	C	D	E
1					
2					
3		X	Y	Z	期待利益
4	利益	1.3	1.2	1.08	1.2
5	投資比率	0	1	0	リスク
6	分散共分散	3	1	-0.5	2
7		1	2	-0.4	
8		-0.5	-0.4	1	
9					
10	投資上限	0.75	0.75	0.75	
11					

図11・1　ポートフォリオデータ

すなわち，数千銘柄あっても，Excel上に上と同じような形式で分散共分散行列と期待利益（リターン）を準備すれば，図11・2のような効率フロンティア曲線も描かれる．

これからの人生，道具の選び方の巧拙で個人の知的生産性が極端に異なってくることに注意しよう．

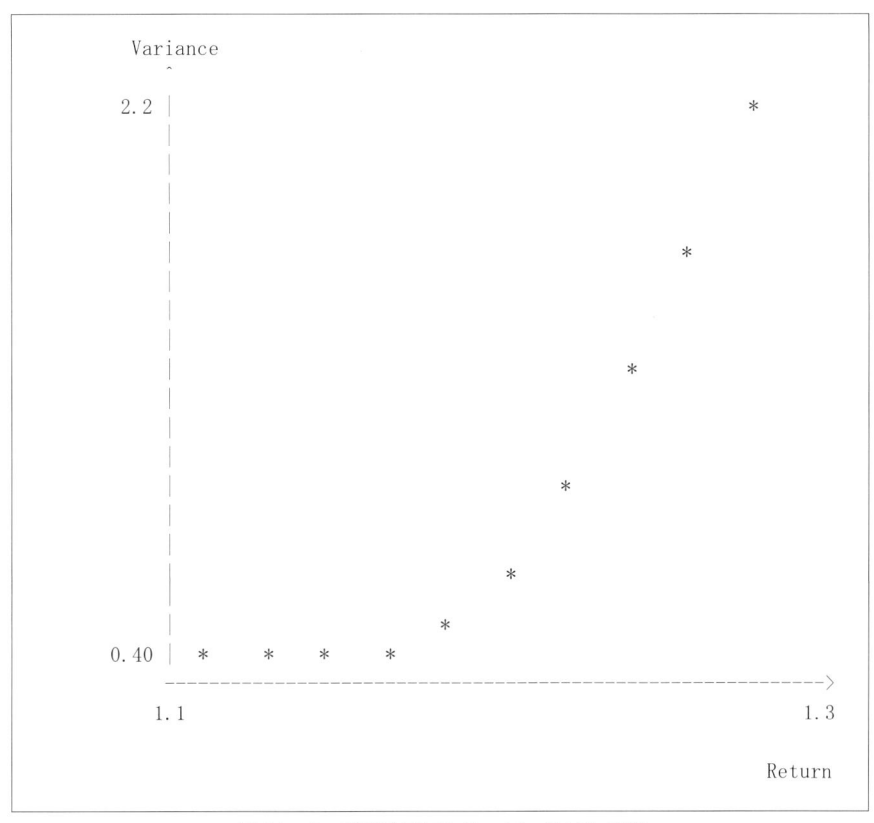

```
             Variance
                ^
         2.2  |                                              *
              |
              |
              |
              |
              |                                       *
              |
              |
              |                                  *
              |
              |
              |                            *
              |
              |                       *
              |                  *
         0.40 |  *    *    *    *
              |------------------------------------------------>
                 1.1                                        1.3
                                                               Return
```

図11・2 効率的フロンティア・モデルの解

付録　単体法

　数理計画法のソフトウェアが誰にでも容易に利用できるようになった今，数理計画法の計算法を紹介することにはためらいを感じる．しかし，四則演算で理解できるのでその骨子を理解すれば，数理計画法のソフトをブラックボックスのまま使う不安感から解放される．

　数理計画法の計算法の代表は，線形計画法の解法である単体法である．この他大規模で制約式の係数が０になるものが多い（疎という）問題に有効とされる内点法がある．内点法は，AT&T のベル研究所にいたインド人のカーマーカー博士が開発したので，カーマーカー法と呼ばれる．AT&T ではこの手法と自社のスーパーコンピュータを抱きあわせた形で数学特許を申請した．そして，数学計算法を特許とすることの是非で物議をかもした．LINDO 製品では，Barrier 法という．

　次に重要なのは，4 章で紹介した整数計画法の計算法である分枝限定（ブランチ&バンド）法である．一休さんのとんち問題にもなる「組み合わせの爆発」をいかに解決するか，興味のある話題である．

　最後は，非線形計画法を扱う GRG2 法などである．

1　総当り法

高校数学の次の問題をもう一度取り上げる．

```
MAX  2x+3y
ST
x ≦ 5
x+y ≦ 10
x+2y ≦ 16
END
x ≧ 10, y ≧ 0
```

目的関数（$2x+3y$）が決定変数 x と y の１次式で，制約式も決定変数の１次の

等式あるいは1次不等式で表されるものを線形計画法という．決定変数が2個の場合，領域の最大・最小問題として絵にかいて解を求めることができることを紹介した．しかし，決定変数が3個以上になるとこの方法で解を得ることは難しくなる．線形計画法の大きな特徴は，最適解，すなわち最大化問題の場合は最大値，最小化問題の場合は最小値を与える解は必ず実行可能領域を表す凸体の端点になることである．上の問題では実行可能領域は5角形になり，端点は5個ある．端点は制約条件を表わす2つの1次の等式の交点，すなわち連立方程式の解になる．そこでこれらの交点をすべて計算し，目的関数に代入して，その値を評価することで線形計画法の解が得られる．このような計算法を一般に「総当り法」という．制約式を表わす1次の等式は次の5つである．

$x = 5$

$x + y = 10$

$x + 2y = 16$

$x = 0$

$y = 0$

これを図示すれば，図付・1のようになる．これらの交点は高々 $_5C_2 = (5 \times 4) \div 2 = 10$ 個ある．しかし $x = 5$ と $x = 0$ は平行しているので，この問題では9個になる．1番目と2番目の交点（図付・1の③）は次の連立方程式の解になる．

$x = 5$

$x + y = 10$

すなわち点③は $(x, y) = (5, 5)$ になり，目的関数の値は $k = 2 \times 5 + 3 \times 5 = 25$ になる．1番目と3番目の交点は，次の連立方程式の解 $(5, 5.5)$ になり，目的関数の値は，$k = 2 \times 5 + 3 \times 5.5 = 26.5$ になる．

$x = 5$

$x + 2y = 16$

但し，この点⑧と点⑥，⑦，⑨は図をみれば実行可能領域にないことが分る．すなわち，これらの点の交点を求め，制約条件式に代入し，実行可能領域になければ省くということを行う必要がある．

すなわち，総当り法は次の手順になる．
①5つの1次の等式から2つを選んで連立方程式の解を求める．
②実行可能領域になければ①に戻る．
③5角形の凸体を実行可能領域とする5個の端点で目的関数を計算し，その中の

最大のものを最適解とする．

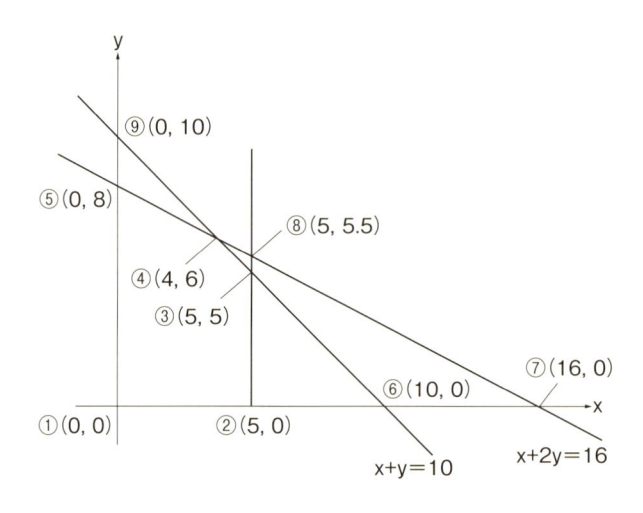

```
        y
        │
 ⑨(0, 10)
        │
 ⑤(0, 8)
        │   ⑧(5, 5.5)
        │
 ④(4, 6)│
        │
 ③(5, 5)│
        │
        │         ⑦(16, 0)
        │   ⑥(10, 0)
 ①(0, 0)│ ②(5, 0)           x
        x+y=10    x+2y=16
```

図付・1　総当り法

総当り法の問題点は，制約式の数や決定変数の数が多くなると，計算する連立方程式の組み合わせの数が大きくなることである．

2　単体法

単体法は，図付・1の①から出発し凸体の端点（頂点）を移動し，最適解④に到達することを考えている．この時，①→⑤→④を選ぶか，①→②→③→④を選ぶかの選択になる．これは，上り坂の登山していて，分れ道にたどりついた．そして最も急な坂道を選択することに対応している．

今回の問題でいえば，①から②のx軸の方へ1単位いくとxの係数の2だけ目的関数の値が増える．これに対して，①から⑤のy軸の方へ1単位いくとyの係数の3だけ目的関数の値が増える．そこで①から⑤を選択することになる．

歴史的に，数学者はMAX問題でなくMIN問題で理論を定式化することが多かった．この場合は，一番下り坂の急な道を選ぶことになる．そこで，このような計算法全般を「最急降下法」といっている．

統計分野における非線形回帰分析でも，回帰係数の推定法として，最急降下法，ガウスニュートン法，マルカート（Marquardt）法などの代表的な推定法がある．統計分野においては，一般的にいって最急降下法は一番効率が悪い（収束が遅い，収束域が狭いなど）ことが知られている．

これに対して，数理計画法では，最急降下法の一種である単体法は経験的に多くの場合に効率がよいことが知られている．

まず，目的関数の値を k として，目的関数を $k=2x+3y$ と表し，変数を等号の左に，定数項を右にという規則で表すことにする．

$k-2x-3y=0$

次に各制約式にスラック変数 S_1, S_2, S_3 を導入し，次のように表す．

$x\quad +S_1\quad\quad\quad =5$
$x+y\quad +S_2\quad\quad =10$
$x+2y\quad\quad +S_3 =16$

スラック変数も決定変数と同じく非負を仮定しているので，不等式制約 $x\leq 5$ はスラック変数 S_1 を用いることで $x+S_1=5$ と表すことができる．以上を整理して，係数だけを抜き出すと次の表になる．但し，0 はブランクにしてある．

表付・1　標準形（ステップ0）

基底変数	k	x	y	S_1	S_2	S_3	
k	1	−2	−3				=0
S_1		1		1			=5
S_2		1	1		1		=10
S_3		1	2			1	=16

列方向は，決定変数とスラック変数を示す．各列に非零の係数が1個しか現れず，他が0のものをピボット（基底）という．例えば1列目の基底は k であり，それは1行目と関係しているので1行目の基底変数を k と表す．4列目の基底は S_1 であり，2行目と関係しているので2行目の基底変数を S_1 と表す．同様にして，3行目と4行目の基底変数は S_2 と S_3 なる．

これに対し，x と y の非零の係数は2個以上あり，これらを非基底変数という．これらを0とすれば，表付・1から分かるように，

$k=0$, $S_1=5$, $S_2=10$, $S_3=16$

になる．これらを基底解という．

すなわち，1次の等式が4個ある場合，6個の変数のうち6−4＝2個を0にすると，残りの4個の変数の値は一意に決まる．

単体法の最初の出発点は，非基底変数のxとyの値を0とする．この時，kの値は0になる．この値を大きくするために，xとyの係数は非負であり，これを1単位増やすとkは0より大きくなる．xを1増やすとkは2増え，yを1増やすと3増える．すなわち，kを大きくするために1行目で負の大きな値をもつyを選ぶことにする．そこでyを増やすことにする．この場合，yをどこまで増やせるだろうか？　図付・1で考えれば⑤迄であって⑨まで増やすと明らかに実行可能解でなくなる．これを分かりやすくするのが次の表付・2である．

表付・2　ステップ1

基底変数	現在の基底解	yの係数	比	最小値	次の解
k	0	−3	—		
S_1	5	0	∞		
S_2	10	1	10		
S_3	16	2	8	8	$y=8, S_3=0$

1列目の基底変数には表付・1の基底変数を書く．2列目は，表付・1の現在の基底解である．すなわち，非基底変数を0にして連立方程式を解いた基底変数の値（解）である．3列目には，次に進む方向として選んだ非基底変数yの係数を書く．4列目の比は，2列目を3列目で割ったものである．目的関数を表す1行目を除く残りの2行目から4行目の制約式に対応した比の中から，正の最小値を選ぶ．この場合は，4行目のS_3に対応した値が最小値の8である．この8は，図付・1でいえば端点⑤の座標(0,8)のy座標の値に対応している．すなわち，①から⑤へ移動する事は，非基底変数yを基底変数にして，基底変数S_3を16から0にして非基底変数とするような変換を行えばよい．これは一般的には連立方程式の解を求めるか，逆行列を計算するために行う次のピボッティング（基底変換）を行えばよい．

まず4行目の等式をyの係数の2で割る．

$$
\begin{aligned}
k-2x-3y &= 0 \quad &(1)\\
x\quad+S_1 &= 5 \quad &(2)\\
x+y\quad+S_2 &= 10 \quad &(3)\\
1/2\,x+y\quad+1/2\,S_3 &= 8 \quad &(4)
\end{aligned}
$$

そして(1)から(4)を(−3)倍したものを引き算し，(1)からyを消去した式(1)′を得る．

$(1)-(-3)\times(4)$

$k-1/2x \quad +3/2S_3 \quad =24 \quad (1)'$

式(2)のyの係数は0なので何もしない．あるいは(2)から(4)を0倍したものを引き算し，式(2)′を得る．

$x \quad +S_1 \quad =5 \quad (2)'$

式(3)から式(4)を1倍したものを引き算し，(3)からyを消去し，式(4)′とする．

$1/2x \quad +S_2-1/2S_3 \quad =2 \quad (3)'$

以上，整理すると次のようになる．

$k-1/2x \quad +3/2S_3 \quad =24 \quad (1)'$
$x \quad +S_1 \quad =5 \quad (2)'$
$1/2x \quad +S_2-1/2S_3 \quad =2 \quad (3)'$
$1/2x+y \quad +1/2S_3 \quad =8 \quad (4)'$

すなわち，yは基底になり，S_3は非基底になった．これを表付・2のようにまとめると，次の表付・3になる．基底解は，xとS_3を0にして，$k=24$, $S_1=5$, $S_2=2$, $y=8$になる．そして，(1)′で一番大きな負数はxの係数の$-1/2$であり，xが次の基底変数になる．すなわち，①から⑤へ移ることで，基底変数の交換が行われる．

表付・3　ステップ2

基底変数	現在の基底解	xの係数	比	次の解
k	24	−1/2	−	
S_1	5	1	5	
S_2	2	1/2	4	$x=4$, $S_2=0$
y	8	1/2	16	

表付・2で基底解であったS_3は，式(1)′,(3)′,(4)′に非零の係数があることから非基底変数に代った．これに対し，yの係数が式(4)′で1になり，他は0であることが分かる．

そこで表付・2の基底変数のS_3はyに置き換える．この時，式(1)′(2)′(3)′(4)′で非基底変数のxとS_3の値を0にすると，2列目の現在の基底解が求まる．

式(1)′において，xの係数だけが$-1/2$で，S_3は$3/2$と正になっている．S_3を1単位増やすとkの値は24から減少するので，ここではxしか選べない．これは図付・1において，⑤から④への一方通行を意味する．そこで，3列目にはxの係数を書くことにする．4列目の比をみると式(3)′の値が最小値になる．すなわち次のステップでは，基底変数のS_2を2から0にして，逆にxを0から4にして基底変数と非基底変数の変換を行えばよい．

式(3)′をxの係数$1/2$で割り (3)″ とする．

$$k - 1/2\,x + \qquad\qquad 3/2\,S_3 = 24 \quad (1)'$$
$$x \qquad + S_1 \qquad\qquad = 5 \quad (2)'$$
$$x \qquad + 2S_2 \ -S_3 = 4 \quad (3)''$$
$$1/2\,x \ + y \qquad + 1/2\,S_3 = 8 \quad (4)'$$

そして，$(1)'-(-1/2)\times(3)''$で式(1)″，$(2)'-1\times(3)''$で式(2)″，$(4)'-(1/2)\times(3)''$で式(4)″を作る．

$$k \qquad\qquad S_2 \ + S_3 = 26 \quad (1)''$$
$$\ S_1 \ -2S_2 \ + S_3 = 1 \quad (2)''$$
$$x \qquad +2S_2 \ - S_3 = 4 \quad (3)''$$
$$\ y \qquad -S_2 \ + S_3 = 6 \quad (4)''$$

これを表付・4にまとめる．

表付・4　終了

基底解	現在の基底解
k	26
S_1	1
x	4
y	6

ここで式(1)″の非基底変数S_2とS_3の係数は両方$+1$である．すなわち，負の係数をもつものがなくなれば，最大値が得られ停止する．

すなわち，$x=4$, $y=6$の端点で最大値26が得られた．S_1は1である．

これを元の式に代入し確認すると次のようになる．

$$k = 2x + 3y = 2\times 4 + 3\times 6 = 8 + 18 = 26$$
$$S_1 = 5 - x = 5 - 4 = 1$$
$$S_2 = 10 - x - y = 10 - 4 - 6 = 0$$

$S_3 = 16 - x - 2y = 16 - 4 - 2 \times 6 = 0$

すなわち，不等式制約 $x \leq 5$ だけが余裕があり，等号が成立していないことがわかる．以上，簡単に単体法の核心を紹介した．

3　スラック変数とサープラス変数

コンピュータは不等式制約を認識できない．そこで，"less than and equal ($\leq$)" の制約式にはスラック変数を導入して等式に直した．"greater than equal ($\geq$)" 型の不等式制約には，サープラス変数 S を導入し等式に変換する．例えば次の不等式

$x + 2y \geq 16$

は，次のように等式で表される．

$x + 2y - S = 16$

ここで，$x \geq 0$, $y \geq 0$ と同じく余裕変数 S も非負である．すなわち $(x+2y)$ が 16 より大きい場合，その差 S を引くことで等式の 16 にできる．

このように，スラック変数とサープラス変数を用いることで，制約条件はすべて等式制約に変換できる．数理計画法ではこのように変換したモデルのことを，標準形といっている．

4　単体法の問題点

数理計画法では係数が 0 でないものだけをメモリーに保持し計算を行う．係数が 0 であるものが多いモデルは疎なモデル，そして 0 が少ないモデルを密なモデルという．疎なモデル程，一般に計算が容易である．

今回のモデルでは，僅か 2 ステップで最適解に達したが，現実の大きなモデルの場合，数千ステップ以上で解がやっと求まる場合もある．このような場合，計算誤差が累積して，正しい解が求まらないということもある．

参考文献

H.M.Markowitz（1952）．Portfolio selection, Journal of Finance, 7, 77-91.

George B.Dantzig（1963）．Linear Programming and Extensions. Princeton University Press［小山昭雄訳（1983）．線形計画法とその周辺．ホルト・サウンダース］

Harvey M. Wagner（1975）．Principles of Operations Research. Prentice-Hall Inc.［森村英典・伊理正夫監訳，鈴木誠道：長谷川彰共（1981）．オペレーションズ・リサーチ入門．培風館］

利根川孝一（1983）．LPソフトウェアと経営意思決定．HBJ出版局

近藤次郎（1983）．オペレーションズ・リサーチ入門．NHKブックス

Judith Liebman, Leon Lasdon, Linus Schrage, Allan Waren（1986）．Modeling and Optimization with GINO. The Scientific Press［青沼龍雄，新村秀一（1989）．GINOによるモデリングと最適化．共立出版］

Linus Schrage（1991）．LINDO-An Optimization Modeling System. The Scientific Press［新村秀一・高森寛訳（1992）．実践数理計画法．朝倉書店］

今野　浩（1992）．数理決定法入門．朝倉書店

新村秀一（1993）．意思決定支援システムの鍵．講談社

刀根　薫（1993）．経営効率性の測定と改善——包絡分析法DEAによる．日科技連出版社

Linus Schrage（2003）．Optimization Modeling with LINGO. LINDO Systems Inc.

［新村秀一訳（2008）．LINGOによるモデリング新時代．LINDO Japan（予定）］

新村秀一（2007）．JMPによる統計レポート作成法．丸善

新村秀一（2007）．数理計画法による判別分析の10年．計算機統計学，20（1），59-94.

新村秀一（2008）．魔法の学問による問題解決学．LINDO Japan（付属CD-ROMに収録）

索　引

<= 125
=<= 125
@BIN 58
@BND 59
@GIN 65
#REF! 87, 98

A
ABC 124
ABC の 3 ステップ 86, 133
Abusolute 95
Adjustable 83, 86, 92
Adjustable セル 101
Adjustable ダイアログボックス 92
Advanced 83
A ステップ 101

B
B & B 法 58
Barrier 法 22, 23, 167
Best 83, 86, 92
Best セル 139, 143
Branch & Bound v
B ステップ 102, 107

C
CALC 節 43
Charnes 22, 53
Constraints 83, 86, 92
Constraints 画面 93
Cooper 22, 53
C ステップ 107

D
D 効率性分析 24
Dantzig 22
DATA 節 43
DEA 法 22, 24, 39, 53
Debug 104
Decision Variable 1
DP（Dynamic Programming） 24
Dual 15
DUAL PRICES 32
DUAL コマンド 126

E
END 104
ending inventory 116
Excel 43, 44, 78, 82, 105, 107
Excel 2002 年版 79

G
General Integer 65
General Options 画面 96
GINO ......v, 40, 41, 42, 164
Global オプション 71, 75
GRG2 法 23, 167

H
Help 83

I
Infeasible 104
Infeasible Constraint 111
Integer 83
Integer 画面 94
Integer Solver Options 画面 95
IP（Integer Programming）
　......23, 40, 42, 55, 148, 150, 155

J
JMP 42

L
LAV 152
LINDO ......v, 40, 41, 42, 149, 164
LINDO API 43, 44
LINDO Japan 84
LINDO Systems Inc. ......v, 41, 42
LINGO ......v, vii, 31, 39, 43
LINGO 11 版の評価版 78
LINGO-WINDOWS-IA32-11.0.zip 78
LINGO の衝撃 147
Linus Schrage ......v, 40
Locate 83
LOOPDEA 43
LOOPTSP 43
LP（Linear Programming）
　......2, 23, 40, 42, 148, 150, 155

M
Make Adjustable 92
Make Adjustable & Free Or Remove Free 102
Mathematical Programming 1, 6
Mellon 22
MMN 155
MPSX 41
MS（Management Science） 21

N
NLP（Non Linear Programming）
　......5, 23, 28, 40, 42, 148, 150

No feasible solution ··104
O
OLE···43
Omit···112
Options···83
Options 画面 ···98
OR（Operations Research）·····································21
P
PERT··24, 39, 53, 121
Plan → Do → See···v, 147
Q
QP（Quadratic Programming）
··4, 23, 28, 40, 42, 148, 150, 152, 155
R
REDUCED COST···32
Relative··95
S
SAS···41, 42, 164
SETUP.EXE··78
Simplex Method··iv
SLACK OR SURPLUS···32
Solution Report·····································97, 111, 126
Solve コマンド ······························83, 86, 92, 104
SPSS ···42
ST（Subject to）··2
Status Report···97, 111
SUBMODEL 節···43
SUMPRODUCT 関数·····································89, 105
SVM（Support Vector Machin）···········24, 155
T
TSP···57
U
Update Links··98
Upgrade···84
W
WB（）関数···93
wb9.zip···78
WBI··31
Web 上で稼動する最適化システム ················44
What's Best·······························v, vi, vii, 39, 41, 42, 43, 78
What's If? 分析 ··90, 134
Y
Yes/NO··55

あ 行
アーク ···121
アドイン··44, 78, 82
アルゴリズム··iii
あれか／これか ··57
意思決定···21, 55, 68
一般整数型の整数計画法······································26
一般整数変数··56, 65, 69
インターネット・オークション·····················55
右辺定数項 ··2, 45, 144
英文マニュアル···vii
エフィシェント・フロンティア················164
凹領域··26
オート SUM 関数···107
か 行
カーマーカー法··22, 167
解が無い··104
回帰分析··4, 148, 152
会計学···53
外的基準··154
ガウスニュートン法···170
確率計画法··24
可視性··72
関数の最大最小問題··vii
ガント・チャート···54
感度分析···14, 32
機会損失··91
期首在庫··116
基準··155
基底解···33
基底変数···33
期末在庫··116
極小値···5, 30
極大・極小問題··v
極大値···5, 28, 30
極値··5, 75
組み合わせの爆発···27, 55
組み立て問題·······································vi, 19, 86
グループ··154
計画問題··iii
計算時間···19, 63
計算精度···160
計算方法··iii
ゲームの理論··21
決定変数··1, 9, 24, 45, 56, 86, 101, 126, 132
減少費用··14, 32, 45, 58, 126, 135
効率性···53
効率的フロンティア···24
誤差平方和···151
固定費··56
誤分類確率···154

索引　179

誤分類数⋯⋯⋯⋯⋯⋯⋯⋯⋯⋯⋯⋯154, 157
誤分類数最小化⋯⋯⋯⋯⋯⋯⋯⋯⋯⋯155
誤分類数最小化基準⋯⋯⋯⋯⋯⋯⋯⋯148
近藤次郎⋯⋯⋯⋯⋯⋯⋯⋯⋯⋯⋯⋯⋯21

　　　さ　行

サープラス変数⋯⋯⋯⋯⋯⋯⋯⋯⋯32, 45
最急降下法⋯⋯⋯⋯⋯⋯⋯⋯⋯⋯⋯⋯169
在庫⋯⋯⋯⋯⋯⋯⋯⋯⋯⋯⋯⋯⋯⋯⋯8
在庫管理⋯⋯⋯⋯⋯⋯⋯⋯⋯⋯⋯⋯⋯vi
在庫管理問題⋯⋯⋯⋯⋯⋯⋯⋯⋯⋯⋯116
在庫数⋯⋯⋯⋯⋯⋯⋯⋯⋯⋯⋯⋯⋯⋯90
在庫費用⋯⋯⋯⋯⋯⋯⋯⋯⋯⋯⋯⋯⋯116
最小自乗法⋯⋯⋯⋯⋯⋯⋯⋯⋯⋯⋯4, 149
最小値⋯⋯⋯⋯⋯⋯⋯⋯⋯⋯⋯⋯3, 71, 75
最小ロット・サイズ⋯⋯⋯⋯⋯⋯⋯⋯57
最大化⋯⋯⋯⋯⋯⋯⋯⋯⋯⋯⋯⋯⋯⋯2
最大・最小問題⋯⋯⋯⋯⋯⋯⋯⋯iii, v, 1
最大値⋯⋯⋯⋯⋯⋯⋯⋯⋯⋯⋯⋯⋯⋯28
最大値や最小値を保証⋯⋯⋯⋯⋯⋯⋯⋯5
最適セル⋯⋯⋯⋯⋯⋯⋯⋯⋯⋯⋯⋯⋯92
サイトライセンス契約⋯⋯⋯⋯⋯⋯⋯79
財務問題⋯⋯⋯⋯⋯⋯⋯⋯⋯⋯⋯⋯⋯116
産業連関モデル⋯⋯⋯⋯⋯⋯⋯⋯⋯⋯22
参照エラー⋯⋯⋯⋯⋯⋯⋯⋯⋯⋯⋯⋯98
資金運用計画⋯⋯⋯⋯⋯⋯⋯⋯⋯⋯⋯23
資金計画⋯⋯⋯⋯⋯⋯⋯⋯⋯⋯⋯⋯⋯vi
資源制約⋯⋯⋯⋯⋯⋯⋯⋯⋯⋯⋯8, 25, 45
自然に整数解が求まること⋯⋯⋯⋯⋯140
自然表記⋯⋯⋯⋯⋯⋯⋯⋯⋯⋯43, 44, 103
四則演算⋯⋯⋯⋯⋯⋯⋯⋯⋯⋯⋯⋯⋯6
実行⋯⋯⋯⋯⋯⋯⋯⋯⋯⋯⋯⋯⋯⋯⋯92
実行可能解⋯⋯⋯⋯⋯⋯⋯⋯⋯⋯⋯11, 25
実行可能解がない⋯⋯⋯⋯⋯⋯⋯100, 113
実行可能領域⋯⋯⋯⋯⋯⋯1, 11, 25, 104, 128
シャープ, ウィリアム・F⋯⋯⋯⋯⋯158
重回帰分析⋯⋯⋯⋯⋯⋯⋯⋯⋯⋯⋯⋯28
集合⋯⋯⋯⋯⋯⋯⋯⋯⋯⋯⋯⋯⋯⋯⋯43
修正可能セル⋯⋯⋯92, 101, 104, 124, 126, 133, 143
自由変数⋯⋯⋯⋯⋯⋯⋯⋯⋯⋯⋯25, 102
巡回セールスマン問題⋯⋯⋯⋯⋯⋯⋯57
ショールズ, マイロン・S⋯⋯⋯⋯⋯158
数学⋯⋯⋯⋯⋯⋯⋯⋯⋯⋯⋯⋯⋯⋯⋯39
数学無用論⋯⋯⋯⋯⋯⋯⋯⋯⋯⋯⋯⋯9
数理計画法⋯⋯⋯⋯⋯⋯⋯⋯⋯iii, 1, 39, 155
数理計画法の出力⋯⋯⋯⋯⋯⋯⋯⋯⋯14
スケジューリング問題⋯⋯⋯⋯⋯⋯⋯41
鈴木敦夫⋯⋯⋯⋯⋯⋯⋯⋯⋯⋯⋯41, 56
スラック⋯⋯⋯⋯⋯⋯⋯⋯⋯⋯⋯⋯11, 45
スラック変数⋯⋯⋯⋯⋯⋯⋯⋯⋯⋯32, 33
する／しない⋯⋯⋯⋯⋯⋯⋯⋯⋯⋯⋯55
生産計画⋯⋯⋯⋯⋯⋯⋯⋯⋯⋯⋯⋯⋯23

整数計画法⋯⋯⋯⋯⋯⋯v, vii, 23, 40, 55, 57
整数計画問題⋯⋯⋯⋯⋯⋯⋯⋯⋯⋯⋯140
整数変数⋯⋯⋯⋯⋯⋯⋯⋯⋯⋯⋯⋯⋯71
製品組み立て問題⋯⋯⋯⋯⋯⋯⋯⋯⋯9
制約式⋯⋯⋯⋯⋯⋯⋯⋯⋯⋯⋯2, 8, 71, 92
制約条件⋯⋯⋯⋯⋯⋯⋯⋯⋯⋯⋯45, 104
制約条件付き⋯⋯⋯⋯⋯⋯⋯⋯⋯⋯⋯vii
制約条件付きの関数の最大・最小値⋯⋯39
制約セル⋯⋯⋯⋯⋯⋯⋯⋯⋯⋯⋯⋯⋯143
0/1型の整数計画法⋯⋯⋯⋯⋯⋯⋯⋯26
0/1型の整数変数⋯⋯⋯⋯⋯⋯⋯⋯⋯68
線形計画法⋯⋯⋯⋯vi, 2, 23, 25, 40, 100, 140, 167
線形判別関数⋯⋯⋯⋯⋯⋯⋯⋯⋯⋯⋯154
線形分離可能⋯⋯⋯⋯⋯⋯⋯⋯⋯154, 157
専門家教育⋯⋯⋯⋯⋯⋯⋯⋯⋯⋯⋯⋯iv
総当り法⋯⋯⋯⋯⋯⋯⋯⋯⋯⋯29, 31, 168
増減表⋯⋯⋯⋯⋯⋯⋯⋯⋯⋯⋯⋯⋯16, 17
双対⋯⋯⋯⋯⋯⋯⋯⋯⋯⋯⋯⋯⋯⋯15, 18
双対価格⋯⋯⋯⋯⋯⋯⋯⋯⋯14, 32, 33, 58, 126
双対関係⋯⋯⋯⋯⋯⋯⋯⋯⋯⋯⋯⋯⋯vi
双対問題⋯⋯⋯⋯⋯⋯⋯⋯⋯⋯⋯⋯⋯19

　　　た　行

大域的最適解⋯⋯⋯⋯⋯⋯⋯⋯⋯5, 42, 71
第1世代の数理計画法ソフト⋯⋯⋯42, 149
ダウンサイド・リスク⋯⋯⋯⋯⋯⋯⋯163
多期間⋯⋯⋯⋯⋯⋯⋯⋯⋯⋯⋯⋯vi, 116
多期間在庫問題⋯⋯⋯⋯⋯⋯⋯⋯⋯⋯118
多期間財務計画問題⋯⋯⋯⋯⋯⋯⋯⋯118
多次元の配列⋯⋯⋯⋯⋯⋯⋯⋯⋯⋯⋯43
多目的計画法⋯⋯⋯⋯⋯⋯⋯⋯⋯⋯⋯24
多目的最適化⋯⋯⋯⋯⋯⋯⋯⋯⋯⋯⋯163
単体表⋯⋯⋯⋯⋯⋯⋯⋯iv, 22, 23, 29, 31, 167
ダンティック⋯⋯⋯⋯⋯⋯⋯⋯⋯⋯⋯22
端点⋯⋯⋯⋯⋯⋯⋯⋯⋯⋯⋯⋯⋯⋯⋯2
段取り費用⋯⋯⋯⋯⋯⋯⋯⋯⋯⋯⋯⋯56
値域⋯⋯⋯⋯⋯⋯⋯⋯⋯⋯⋯⋯⋯⋯⋯1
定義域⋯⋯⋯⋯⋯⋯⋯⋯⋯⋯⋯⋯⋯⋯1
デリバティブ手法⋯⋯⋯⋯⋯⋯⋯⋯⋯158
等売り上げ直線⋯⋯⋯⋯⋯⋯⋯⋯⋯⋯12
統計⋯⋯⋯⋯⋯⋯⋯⋯⋯⋯⋯iii, iv, 32, 39
統計ソフト⋯⋯⋯⋯⋯⋯⋯⋯⋯⋯41, 161
統計分析⋯⋯⋯⋯⋯⋯⋯⋯⋯⋯⋯⋯⋯14
等式⋯⋯⋯⋯⋯⋯⋯⋯⋯⋯⋯⋯⋯⋯⋯2
投入産出モデル⋯⋯⋯⋯⋯⋯⋯⋯40, 159
等利益直線⋯⋯⋯⋯⋯⋯⋯⋯⋯⋯⋯⋯12
凸領域⋯⋯⋯⋯⋯⋯⋯⋯⋯⋯⋯⋯⋯⋯26

　　　な　行

内点法⋯⋯⋯⋯⋯⋯⋯⋯⋯⋯⋯22, 23, 167
ナップザック問題⋯⋯⋯⋯⋯⋯⋯⋯⋯55
南山大学⋯⋯⋯⋯⋯⋯⋯⋯⋯⋯⋯41, 56
2次計画法⋯⋯⋯⋯⋯⋯⋯⋯vii, 4, 23, 24, 28

2次計画法モデル	vii
2次式	3
二者択一	26, 57
21世紀の一般教養	iii
2値の選択問題	55
日程計画	23
日本語マニュアル	vii, 46, 53, 87
2目的最適化	163
2目的最適化問題	24
入試監督自動割当システム	41
LINGO11版の評価版	77
ネットワーク	121
ネットワーク計画法	24
ネットワークとWebアプリケーション契約	79
ノイマン，ジョン・フォン	21
ノード	121
ノーベル，アルフレッド	158
ノーベル経済学賞	iii, 4, 6, 22, 40, 158
ノーベル賞	21

は 行

配合問題	vi, 19, 100
8・5授業クラス編成	145
バッチ・サイズ	57
範囲	126
判別係数	157
判別分析	148
汎用TSP	43
汎用DEA	43
汎用モデル	24, 39
非基底解	33
非線形回帰分析	170
非線形計画法	vi, 5, 18, 23
非線形項	71
非線形最適化	121
非線形最適化問題	153
人，金，物の運用	21
雛形（テンプレート）モデル	iv
雛形モデル	v, vii, 10, 39, 40, 43, 53, 80, 86
非負条件	102
微分	1, 3
評価版	46
評価版ソフト	vii, 39
複数台割引契約	79
藤田田	10
不等式	2
部門の評価	53
ブラッケット教授	21
フリードマン，ミルトマン	158
プロジェクトN	41
プロジェクト管理	54
分枝限定	27, 167

分枝限定法	v, 23, 27, 57, 62
分数計画法	24
分離貯蔵問題	69
変数	45
変動費	56
ポートフォリオ分析	iv, vii, 4, 28, 40
保存関係	121

ま 行

マーコウィッツ，ハリー・M	iv, 28, 158
マートン，ロバート・C	158
松下幸之助	90
魔法の学問による問題解決学	iii, vii, 24, 39, 53, 54, 100, 166
魔法の秘密	10
マルカート法	170
丸め解	65
ミラー，マートン・H	158
名義尺度	154
目的関数	1, 8, 86, 102, 104, 118, 124
モデルの作成法	46, 86
問題解決学	iii, v, 39, 42

や 行

やる／やらない	57
ユーザー教育	iv
輸送計画	23
輸送計画問題	22
輸送問題	vi
要員計画	44
要員配置	131
要員配置問題	vi

ら 行

領域の最大・最小問題	iii, v, 6
利用環境	79
レオンチェフ，ワシーリー	22, 159
連立方程式	6, 169

Excel と LINGO で学ぶ
数理計画法 ［CD-ROM 付］

平成 20 年 11 月 30 日　発　行

著作者　　新　村　秀　一

発行者　　小　城　武　彦

発行所　　丸 善 株 式 会 社

出版事業部
〒103-8244　東京都中央区日本橋三丁目 9 番 2 号
編集：電話 (03) 3272-0513／FAX (03) 3272-0527
営業：電話 (03) 3272-0521／FAX (03) 3272-0693
http://pub.maruzen.co.jp/
郵便振替口座 00170-5-5

© Shuichi Shinmura, 2008

組版印刷・(株) 日本制作センター／製本・株式会社 松岳社
ISBN 978-4-621-08054-2 C3034　　　　　Printed in Japan

JCLS 〈(株)日本著作出版権管理システム委託出版物〉
本書の無断複写は著作権法上での例外を除き，禁じられています．複写される場合は，そのつど事前に (株) 日本著作出版権管理システム (電話 03-3817-5670, FAX 03-3815-8199, E-mail：info@jcls.co.jp) の許諾を得てください．

CD-ROM の内容と利用法

　本書のユニークな点は，本書以上に添付の CD-ROM に特徴がある．この CD-ROM には，What's Best! と LINGO の評価版ソフトと英語と日本語のマニュアルが入っている．さらに，LINGO による汎用モデルの解説書『魔法の学問による問題解決学』，雛形モデル集，本書に掲載できなかった「その他資料」がある．これらは，本書の読者のみ個人的に利用する権利がある．

1) What'sBest! と LINGO の評価版ソフト

　「wb9.zip」を 5・1 の内容に従い解凍すると，What's Best! の 9 版の評価版ソフトがインストールできる．「LINGO−WINDOWS−IA32−11.0.zip」は，LINGO11 版の評価版ソフトである．解凍した後，What's Best! より容易にインストールできる．これらは，インストール後，2 カ月で停止する．その場合，CD-ROM から再インストールすれば，何度でも利用できる．

2) 日本語と英語のマニュアル

　「What's Best! 7 日本語.pdf」と「LINGO8 版マニュアル.pdf」は日本語マニュアルである．これらの中には数多くの雛形モデルの解説もあるので，これだけでも目を通してほしい．本書を理解した後，これらに目を通して詳細な機能を理解しよう．その後，「Wb9_11_16.2007.pdf」と「LINGO11UsersManual.pdf」の英文マニュアルで追加された機能を確認し理解すればよいだろう．

3) LINGO による汎用モデルの解説書

　『魔法の学問による問題解決.pdf』は，LINGO による汎用モデルの解説書である．本書を読んだ後，LINGO を知りたい場合，本書を LINGO のマニュアルの前に読むことを勧める．第 2 世代の数理計画法の最新機能が理解できる．

4) LINDO Systems Inc. が提供する 359 分野に整理された雛形モデル集

5) 「WB1」フォルダー

　このフォルダーには，本書で用いたモデルが入っている．本書を読んでモデルを作成してみて，うまくいかなかった場合の確認に用いてほしい．

6) 「その他資料」フォルダー

　本書に掲載できなかった，学生のクラス選択，などの解説などが収めてある．また，南山大学のプロジェクト N の論文を収録．

【問合せ先】

　本書に関する質問は，sales@lindo.jp にお問い合わせください．また，LINDO Japan の HP に各種の情報があります．本書の正誤表もここに掲載します．

http://www.lindo.jp/